高等院校计算机课程设计指导丛书

操作系统课程设计

朱敏 主　编

段磊 副主编

唐博 张闽 李明召 申乔木 李梦颖 谢昭阳 参　编

机械工业出版社

China Machine Press

图书在版编目（CIP）数据

操作系统课程设计 / 朱敏主编．—北京：机械工业出版社，2015.2（2018.4 重印）
（高等院校计算机课程设计指导丛书）

ISBN 978-7-111-48416-5

I. 操…　II. 朱…　III. 操作系统－课程设计－高等学校－教学参考资料　IV. TP316

中国版本图书馆 CIP 数据核字（2014）第 253841 号

本书的实践环境基于 Windows 和 Linux 操作系统。Windows 操作系统已经很普及，但是对于 Linux 操作系统并不是每个用户都有了解，本书对比介绍了 Windows 和 Linux 操作系统的异同，并对基本理论在两种操作系统中的具体实现进行了剖析。

此外，本书对与实践内容相关的环境搭建、程序调试等基本技能也进行了介绍，以弥补读者在程序设计学习初期在调试方法、文件及接口等内容方面的欠缺。本书涉及的所有实验均已通过调试，附录中提供了实验报告样例，并含有“知识掌握程度自我评价”，有助于读者自我评价对相关知识的掌握情况。

本书的使用对象为普通高等院校计算机及其相关专业学生，以及具有一些操作系统基本知识并想要进一步了解程序设计和操作系统实验内容的计算机相关工作人员及爱好者。

出版发行：机械工业出版社（北京市西城区百万庄大街 22 号　邮政编码：100037）

责任编辑：迟振春	责任校对：殷　虹
印　　刷：北京市荣盛彩色印刷有限公司	版　　次：2018 年 4 月第 1 版第 2 次印刷
开　　本：185mm×260mm　1/16	印　　张：13
书　　号：ISBN 978-7-111-48416-5	定　　价：35.00 元

凡购本书，如有缺页、倒页、脱页，由本社发行部调换

客服热线：（010）88378991　88361066　　投稿热线：（010）88379604
购书热线：（010）68326294　88379649　68995259　　读者信箱：hzjsj@hzbook.com

序

操作系统是一门教师觉得很难教、学生觉得很难学的课程。在美国电影《社交网络》的一开始，扎克伯格在餐馆里对女友表示“I'm under pressure right now from my OS class（操作系统课让我压力很大）”，操作系统课程的难度可见一斑。每隔一年，全国各高校讲授操作系统课程的老师就会聚集在一起交流、分享授课经验，提出各种问题并寻求解决方案。其中，议论最多也最热烈的一个话题就是学习操作系统过程中的动手实践问题。通过实践环节可以加深学生对操作系统基本概念、工作原理、典型技术、流行实例的深透理解，特别是能够培养学生基于系统观的全面思考能力。

本书作者朱敏教授从事操作系统教学多年，她根据自己的实践课教学经验编写了本书。有幸第一时间读到教材内容，感觉要点个赞。据我看来，这本教材有以下几点值得推荐。

1）这本操作系统课程设计教材涵盖了操作系统课程的重要知识点，并围绕操作系统的主要核心功能，循序渐进地设计了八个实验：作业调度、系统调用及进程控制、同步与互斥、死锁解决方案之银行家算法、内存管理、磁盘调度、文件系统。这些实验或模拟某个操作系统功能，或基于实际操作系统 Linux/Windows 进行编程以实现某些核心算法或解决典型问题。最后一个实验是在 Linux 系统下设计实现一个简单的小型文件系统，是一个相对完整的子系统，有一定的规模和难度。

2）针对每一个实验，作者搭建出很好的框架，从实验目的、实验准备、实验涉及的基本知识及工作原理、实验说明、实验内容、实验总结到实验报告及小组任务，最后还给出参考代码，流程清晰、任务明确，使学生很容易把精力集中在实验内容上。

3）为配合实验，本教材还简要梳理了相关基础理论，同时，对实验中需要用到的开发环境、编程语言、调试技术进行了介绍。这些内容的精心准备体现了编写者的细心周到，使学生可以很快上手。

4）本教材的另一大特色是加入了一个小型操作系统 Nachos 的源代码分析。Nachos 是美国加州大学伯克利分校开发的一个教学操作系统框架，包括了运行在 MIPS 虚拟机上的 Nachos 内核和简单应用，该框架基于 C++ 语言（亦有 Java 语言版本）开发，可以更加清晰地展现操作系统的各个接口和整体结构，对学生理解操作系统有很大帮助。本教材对 Nachos 中的系统调用、同步与互斥、线程调度、文件系统几部分都进行了剖析。

布鲁姆的教育目标层次模型中界定了知识学习的几个层次：知道、领会、应用、分析、综合和评价。对操作系统课程而言，只有动手实践才能达到综合的层次。因此，本教材是一个非常好的选择。对学生而言，完成 8 个实验、阅读剖析 Nachos 教学操作系统并不容易，但坚持下来，一定收获多多，一曰收获对操作系统的深入理解，从而以系统观的角度去考虑计算机系统的各种问题；二曰收获自信，全面提升了动手能力，可以在保研面试、工作面试时体现自己的实力。希望本书对所有学习操作系统知识的读者带来帮助。

陈向群

北京大学教授

前　言

操作系统是计算机系统的重要组成部分，能为上层程序及软件提供运行的环境和基础，并负责管理计算机软硬件资源、合理控制计算机工作流程。操作系统的重要性使其成为计算机相关专业的核心课程，并被列为考研必考科目。

本书的编写目的是在操作系统理论学习的基础上，通过实践加深学生对操作系统理论，尤其是对操作系统核心内容及经典算法的理解。编者在多年操作系统实验课教学实践的基础上，充分考虑教学对象的差异性和教学计划的多样性，从实验内容的深度和广度上有层次地合理安排教学内容，旨在为教授操作系统课程教师提供系统化的实践教学参考，为学习该课程的学生提供一个锻炼自我、自主学习的平台。

本书特色

- 翔实的基础理论。回顾操作系统中重点知识与理论，并对实践项目中需要用到的开发环境、编程语言、调试技术等进行了介绍。
- 经典的实验范例。精心挑选最能代表操作系统核心功能及实现的 8 个题目，并提供系统的实验思路、规范的实验模板。同时，以操作系统 Nachos 为例，深入浅出地讲解可运行操作系统的实现方式。
- 系统的实践教学思路。基于普通高校学生的操作系统课程学习需求，基于常见的 Windows 系统和 Linux 操作系统，通过一系列的实践题目，使学生从熟悉操作系统、动手安装 / 设置操作系统到熟悉操作系统的核心功能，直至能独立分析一个开源操作系统，最终透彻理解操作系统的功能和实现机制。

本书结构

本书主要包括部分：准备知识、核心实验、综合实践。各部分之间难度系数逐渐加大，以满足不同层次学生的需求。本书内容框架如下：

第一部分，准备知识。这部分中，主要介绍虚拟机的安装、Linux 与 Windows 的分析与比较、C 语言相关知识、文件 I/O、系统进程编程基础、C 程序调试技术简介等内容，涵盖理论课程中一般不会介绍，但将在后续实践中用到的重要知识及关键技术，让学生准备并熟悉实验所需的编程环境、编程方法和工具等，为后面的实验工作做好铺垫。

第二部分，核心实验。这个部分充分结合计算机操作系统中涉及的核心理论及算法，选择了 8 个核心实验：Linux 编程基础、作业调度、系统调用及进程控制、同步与互斥、银行家算法、内存管理、磁盘调度和文件系统。实验以程序填空、代码解释、错误源码修改、程序编写等形式对重要知识点进行了加深和巩固，并针对实验中的重点与难点做了引导与提示，激励学生在实践中学习、在思考中进步。

第三部分，Nachos 源码分析。在前两部分学习的基础上，这一部分将通过分析操作系统 Nachos 的源代码，再次巩固系统调用的实现、同步与互斥机制的实现、线程机制，以及文件系统五个方面的内容。通过对这个真实系统的源码分析，可以使读者更加清楚地了解理论知识是如何在实际操作系统中使用的。

此外，本书还以附录形式提供了基础实验部分的实验报告，帮助读者在操作系统实践课程的学习中获得切实的指导与启迪。

读者对象

本书是为高等院校师生和计算机相关专业人员编写的。作为教材，本书适用于计算机及相关专业操作系统实践课程的教学。此外，本书还是一本适合操作系统爱好者参考的自学用书。

课程提供的参考资料

本书为授课教师和读者提供以下资源：

- PPT 课件：包括核心实验部分课件，可用于课堂教学。
- 源代码：包括常规部分教学实验源码和修改后的 Nachos 系统源码。

读者可以登录华章网站（http://www.hzbook.com）下载相关资料。

致谢

本书在编写过程中得到了四川大学计算机学院多名教师，以及机械工业出版社编辑们的大力支持，在此表示衷心的感谢。

在本书写作过程中，四川大学视觉计算实验室的学生做了富有成效的工作，其中本书第二部分内容得到了封泽希、杨寸月等同学的帮助。第一部分的内容和实验报告参与者还有赵丹丹、符敏、郑家超。赵辉老师在本书的编写策划方面也提出了许多宝贵意见。在本书出版之际，谨表示诚挚的谢意。

由于作者学识所限，书中难免有错漏之处，恳请读者及同行批评、指正。

作者

2014 年 11 日

教学建议

“计算机操作系统”课程及相应课程设计开课情况各校均可能有所差异，这里只是根据作者的经验给出建议，授课教师可根据实际情况酌情对教学内容进行调整或取舍。

第一部分

操作系统理论课程的前几节课（通常是前 2 ～ 3 周）一般会概括性地介绍操作系统的历史、概要等内容，此阶段通常无需安排实验课程。这段时期可以组织学生对本书第一部分进行学习，或者以自学的方式完成。

第一部分的内容为后续实践中要用到且前导课程中并未系统介绍的基础知识，包括编程、调试技巧以及实验环境的搭建。学生在学习过程中可以根据自己的实际情况进行取舍。另外，在实验环境和工具使用上，该部分仅提供了一种经测试可行的实施方案，学生也可以根据自己的喜好和习惯使用其他类似的环境和工具。

若课时紧张，或前导课程中已涉及此部分的内容，则可以跳过该部分，直接进入第二部分的学习。

第二部分

该部分是课程设计的主要内容，将占用 16 个学时（平均每个课程 2 个学时）左右的时间。内容涉及作业调度、同步互斥、内存、磁盘、文件系统等。该部分的教学建议与理论课程同步进行，讲授顺序可以参考理论课程情况进行调整。

第 7 章“ Linux 编程基础”的目的是让学生熟悉 Linux 系统环境及相应开发工具，其他 7 章的目的是通过编写程序来模拟实现操作系统中的相应功能。

每个项目中都包括实验目的、实验准备、实验基本知识和原理、实验说明、实验内容、实验报告及小组任务、参考代码。每个实验中，学生需要根据实验内容来完成相应的实验报告，这是每个实验必须完成的部分。对于部分实验的小组任务，可以将学生分为 5 人左右的小组来合作完成。该部分难度较大，可以根据实际情况酌情进行取舍。每个实验最后会给出相关的代码段，供学生进行参考。

第三部分

第三部分的主要内容是通过分析源代码来理解一个操作系统的实现。该部分与第二部分对应，以 Nachos 系统为例讲解了各个模块的实现过程。该部分内容较为复杂，在实际学习过程中，可作为选学部分进行安排。

学习该部分内容时，应要求学生读懂 Nachos 系统的源代码，理解之前学到的操作系统理论是如何在一个可以工作的系统中实现的。在该部分中，每章可以使用 2 ~ 4 个课时来完成。

Nachos 系统主要使用 C++ 语言编写，因此，学生应对 C++ 以及部分微机原理知识有一定的了解。同时，还会涉及部分 MIPS 指令的汇编语言，但用到的相关语句都比较简单，书中相应部分会对它们进行讲解，不会影响读者的学习。

我们提供了一份经过修改并测试通过的 Nachos 源码，以减少学生配置系统的时间。学生在学习该部分时，要结合系统的源代码来理解各个模块的工作原理，不能只参考书中给出的代码。

目录

第二部分　核心实验

第三部分 Nachos 源码分析

第一部分

基础知识

本书遵循“基础知识→小型实践→综合实践”的编写思路，实践项目的难度逐步递增。在第一部分中，将先介绍“操作系统课程设计”中将用到的前导知识，包括实验环境的介绍与搭建、C 编程及调试技术基础等。

第一部分共包括六章。

第 1 章　虚拟机及使用概述：主要介绍虚拟机的一些基础知识，包括 VMware 概述、实验环境搭建和 Linux 简介等内容，为后续工作提供基础引导。

第 2 章　Linux 与 Windows 的分析与比较：这一章将主要从系统特性、命令行、基本命令与命令格式等方面对 Linux 和 Windows 进行比较，以帮助读者更好地了解和使用这两种操作系统进行实践。

第 3 章　C 语言知识：该部分主要介绍将要用到的 C 语言的相关知识，包括 C 语言语法与程序结构、指针以及 C 标准库。

第 4 章　文件 I/O：该章从系统调用和标准库两个方面来介绍文件 I/O 操作。首先对系统调用与标准库的概念进行简单描述，然后介绍标准库中的文件 I/O 函数：包括打开文件、读文件、写文件等。

第 5 章　系统进程编程基础：这一章将讨论不同平台下的进程操作函数，通过实例来分析相关函数的功能和特性，并对 Linux 和 Windows 下的进程控制函数进行对比分析。

第 6 章　C 程序调试技术：该章将以实例分析的形式介绍 Windows 下基于 VS 的调试技术，以及 Linux 下命令行和可视化界面调试技术。

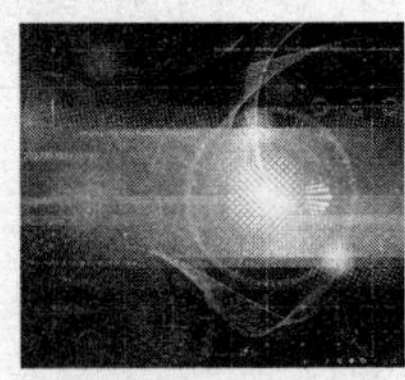

第 1 章 虚拟机及其使用概述

虚拟机是指通过软件模拟实现具备完整硬件系统功能且运行在完全隔离环境下的完整计算机系统。在虚拟机中可以执行对真实计算机的所有操作 （包括安装操作系统、应用程序和软件，提供对外服务等）。从计算机用户的角度来看，它是物理机上的一个应用程序；对于虚拟机中运行的应用程序而言，它则是一台“真正”的计算机。

本章将对虚拟机软件进行简单的描述，并同时讲述虚拟机下 Linux 系统的安装步骤，以完成后续工作所需的实验环境的搭建。此外，还对虚拟机下 Linux 系统与宿主机 Windows 下文件的相互访问方法进行描述。

1.1 虚拟机软件 VMware 概述

VMware 是目前广泛应用的虚拟机软件之一。利用 VMware 不仅可以在一台计算机上同时安装 Windows、DOS、Linux 系统，而且可以同时运行多个系统并相互切换。此外，每个操作系统都可以在不影响真实硬盘数据的情况下进行虚拟分区、配置，通过虚拟网卡还可以将几台虚拟机组成一个局域网。VMware 还支持虚拟机与主机之间共享文件、应用、网络资源等。

1.2 搭建实践环境

本书中的项目主要在 Windows 和 Linux 环境下完成，所以主要采用在 Windows 环境下安装虚拟机 VMware，并在 VMware 虚拟机环境下安装 Ubuntu（一款 Linux 操作系统）系统来构建实验环境。所需实践环境如表 1-1 所示。

表 1-1 实践环境搭建清单

CPU	Intel Pentium Dual CPU T3400	
内存	1.0 GB（至少在 512MB 以上）	
系统	Windows 7 Ultimate	
分配的硬盘	12GB（10GB 以上可用空间）	
VMware 版本	VMware Workstation 6.5.1	
Ubuntu 版本	Ubuntu 10.10	
编译环境	Windows	VS 2005
	Linux	gcc 编译器

1.3 在 Windows 下安装 VMware

根据上述实践环境要求，我们需要在 Windows 下安装 VMware。安装前需做如下准备：下载 Ubuntu 镜像文件、VMware Workstation 软件（具有有效的注册码）。具体的安装步骤如下：

1）双击安装程序图标进入 VMware Workstation 安装向导界面，如图 1-1 所示。

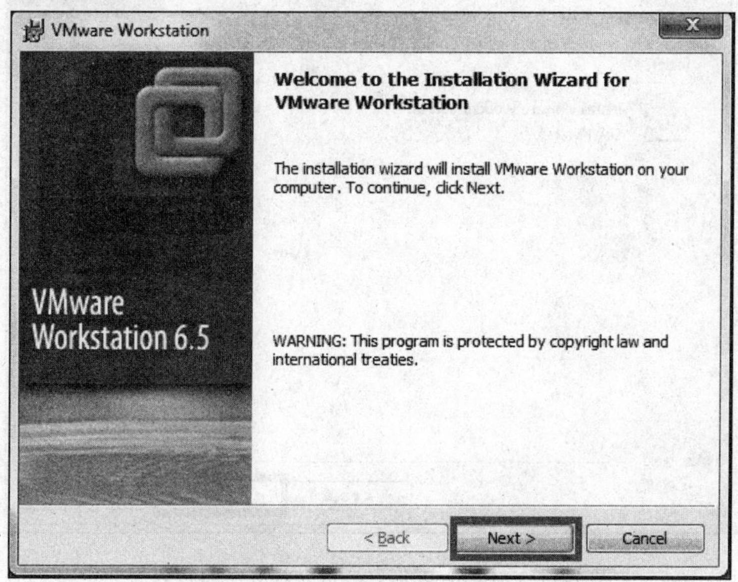

图 1-1　VMware Workstation 安装向导界面

2）单击 Next 按钮，进入 VMware Workstation 安装方式选择界面，如图 1-2 所示。

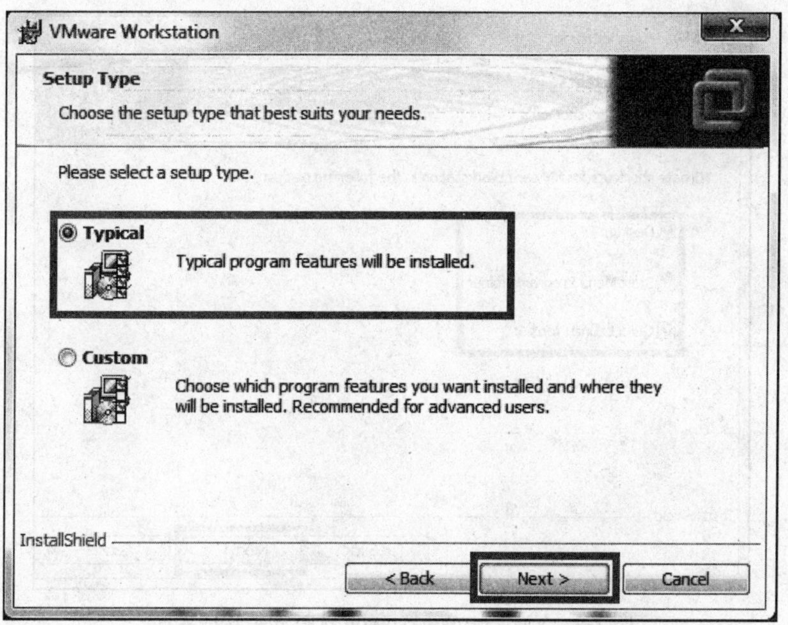

图 1-2　VMware Workstation 安装方式选择界面

3）选择默认安装，单击 Next 按钮，进入 VMware Workstation 选择安装路径界面，如图 1-3 所示。

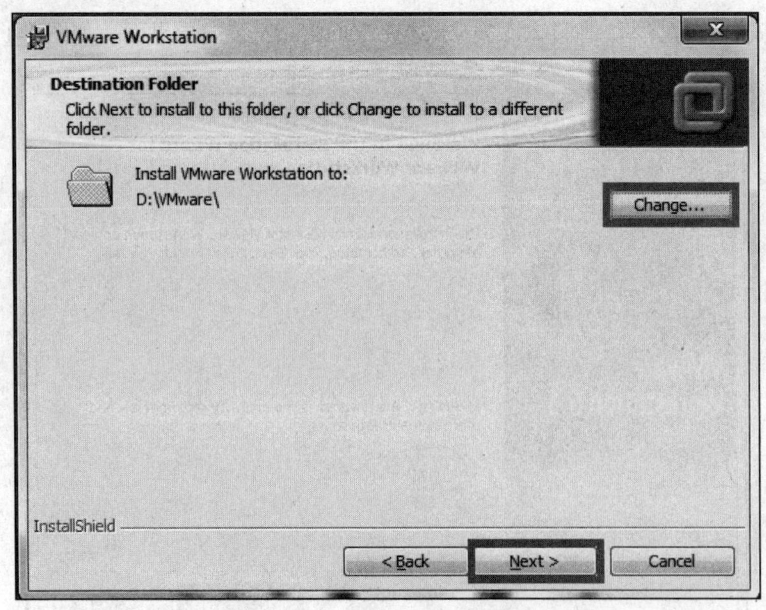

图 1-3　VMware Workstation 选择安装路径界面

4）单击 Change 按钮可以选择安装路径，设定安装路径后单击 Next 按钮，进入 VMware Workstation 选择安装软件界面，如图 1-4 所示。

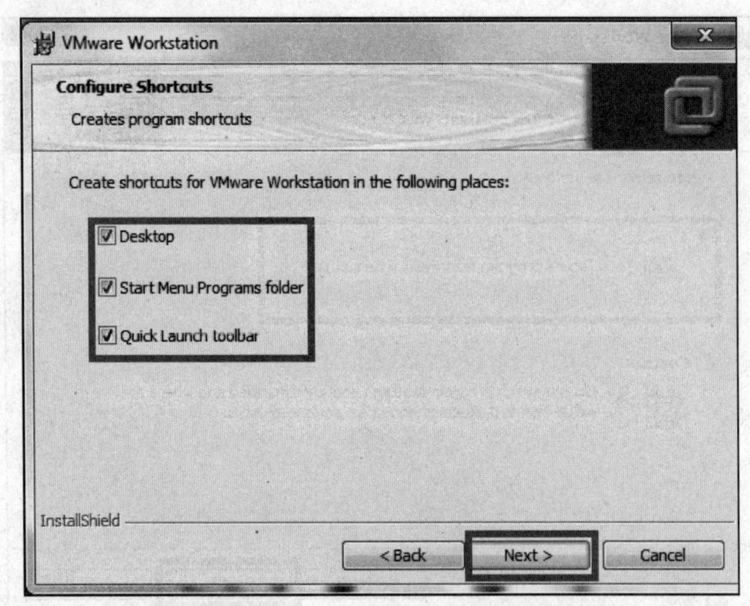

图 1-4　VMware Workstation 选择安装软件界面

5）用户可根据个人需要选择是否创建桌面快捷方式、是否附加到“开始”菜单、是否添加到快速启动栏等（勾选前面的复选框即可），单击 Next 按钮进入 VMware Workstation 准备安装界面，如图 1-5 所示。

6）单击 Install 按钮开始安装，完成后进入 VMware Workstation 信息注册界面，如图 1-6 所示。

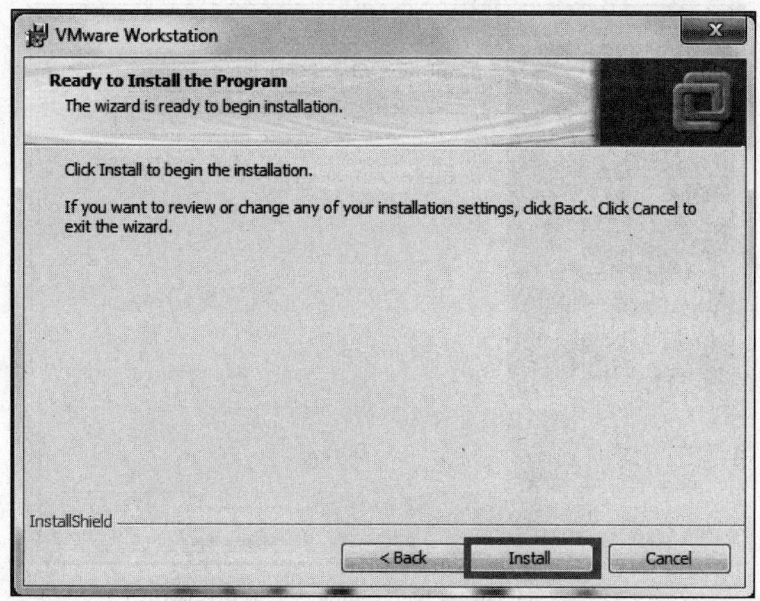

图 1-5　VMware Workstation 准备安装界面

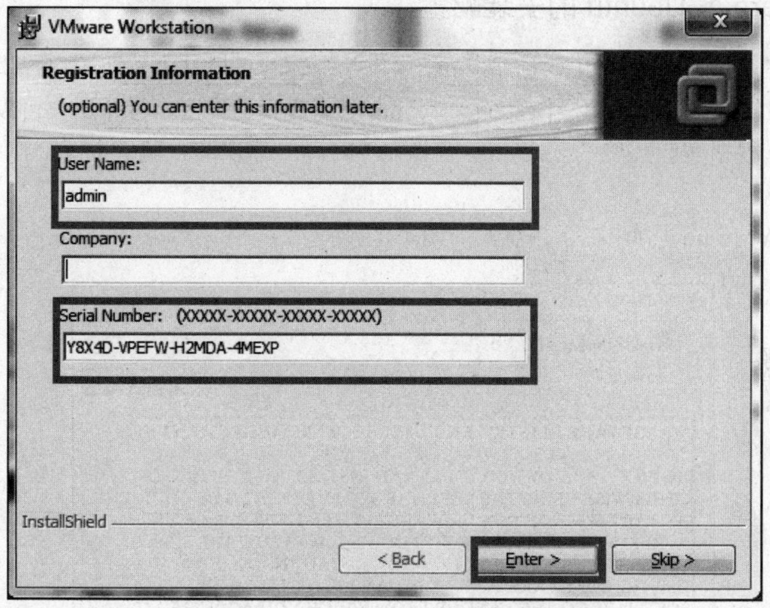

图 1-6　VMware Workstation 信息注册界面

7）输入用户名和序列号，单击 Enter 按钮进入 VMware Workstation 安装成功界面，如图 1-7 所示。

8）单击 Finish 按钮，完成 VMware 的安装。

在 VMware 安装完成后，我们需要在 VMware 下安装 Ubuntu 来完成实验过程中所需使用的 Linux 操作系统的搭建。

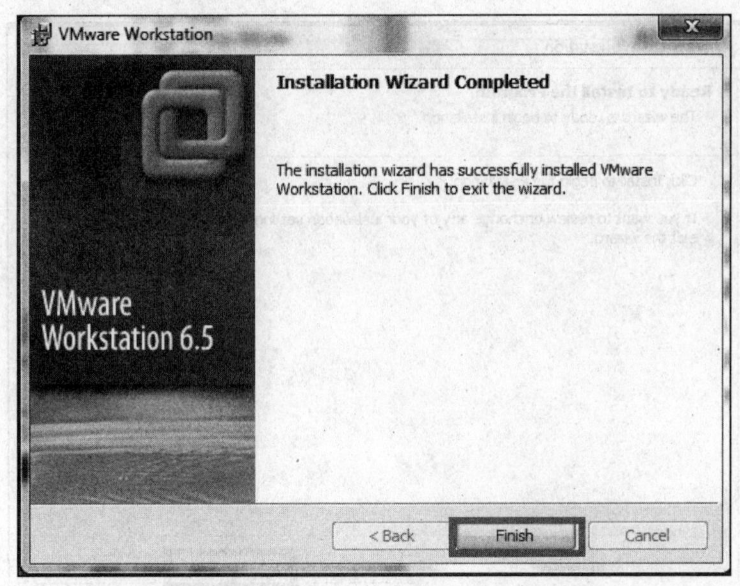

图 1-7　VMware Workstation 安装成功界面

1.4　VMware 下 Ubuntu 的安装配置

Ubuntu 是一款以桌面应用为主的 Linux 操作系统，其目标是为普通用户提供一个稳定的且主要由自由软件构建而成的操作系统。Ubuntu 具有庞大的社区力量，用户可以方便地从社区获得帮助。根据实验环境的要求，还需要在 VMware 下安装、配置 Ubuntu，具体的步骤如下：

1）启动 VMware，弹出提示信息，如图 1-8 所示。

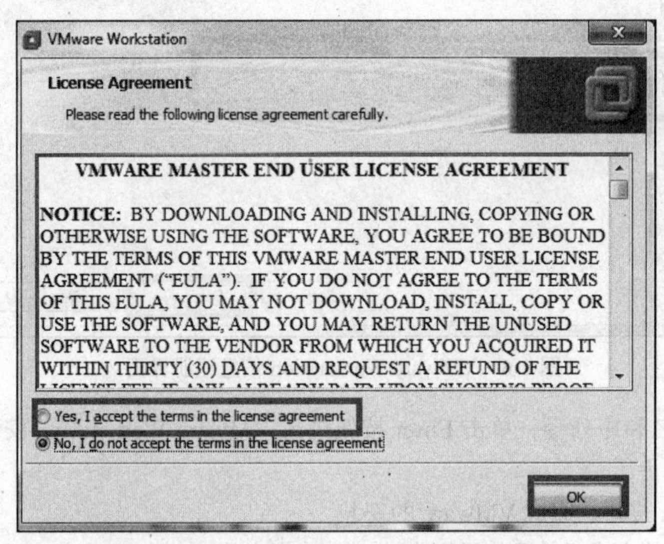

图 1-8　VMware Workstation 授权协议界面

2）选择“Yes, I accept the terms in the license agreement”，单击 OK 按钮，弹出提示信息，如图 1-9 所示。

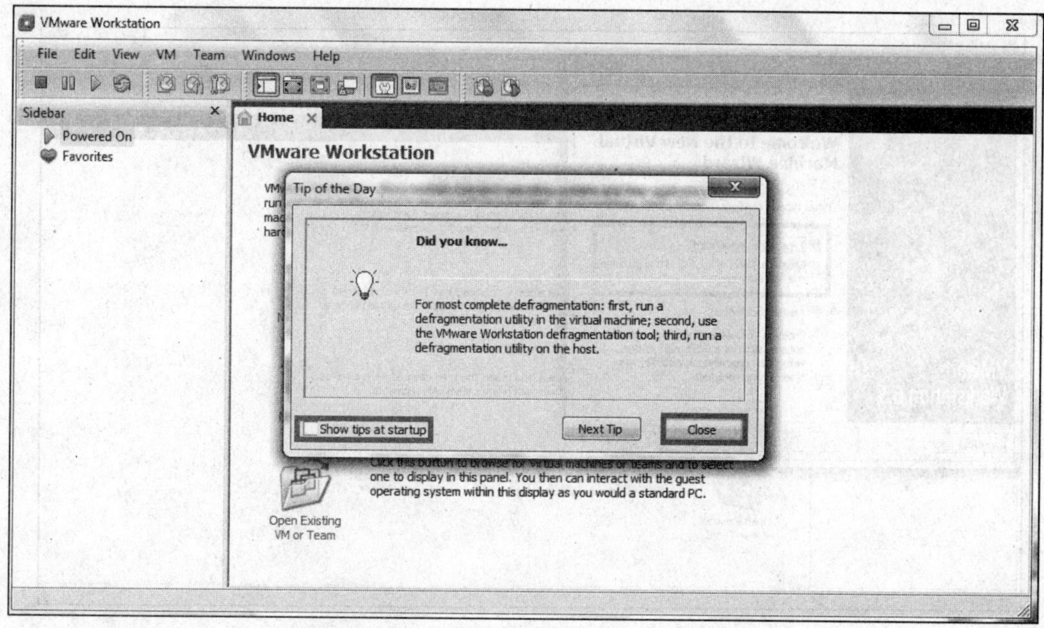

图 1-9　VMware Workstation 提示信息界面

3）选中左下角 Show tips at startup 复选框后，单击 Close 按钮，进入 VMware 的主界面，如图 1-10 所示。

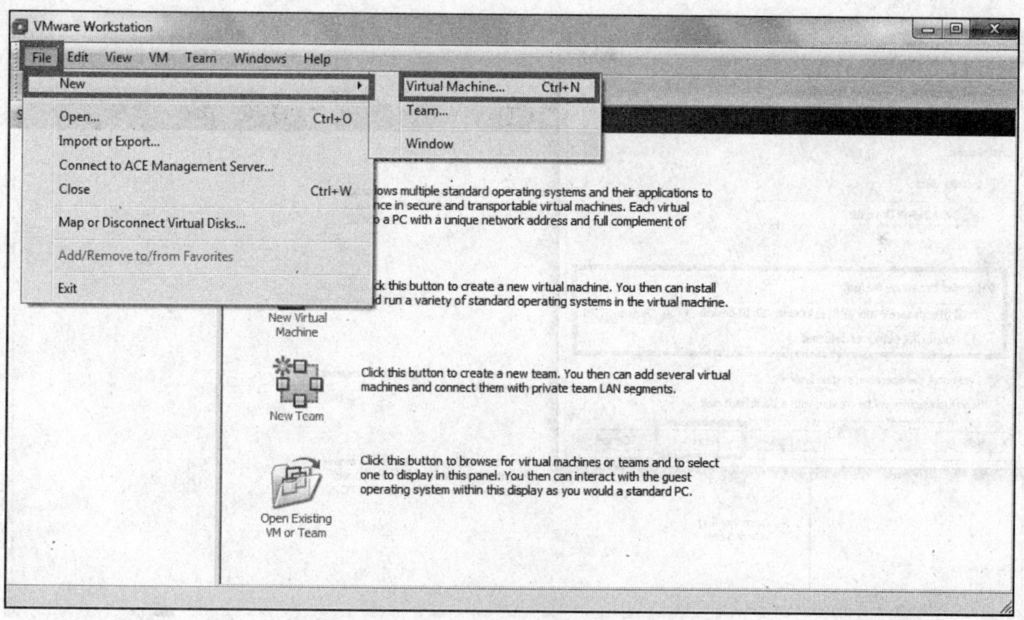

图 1-10　VMware Workstation 主界面

4）现在需要新建立一个 Ubuntu 的虚拟机，执行 File → New → Virtual Machine 命令打开虚拟机建立的向导界面，如图 1-11 所示。

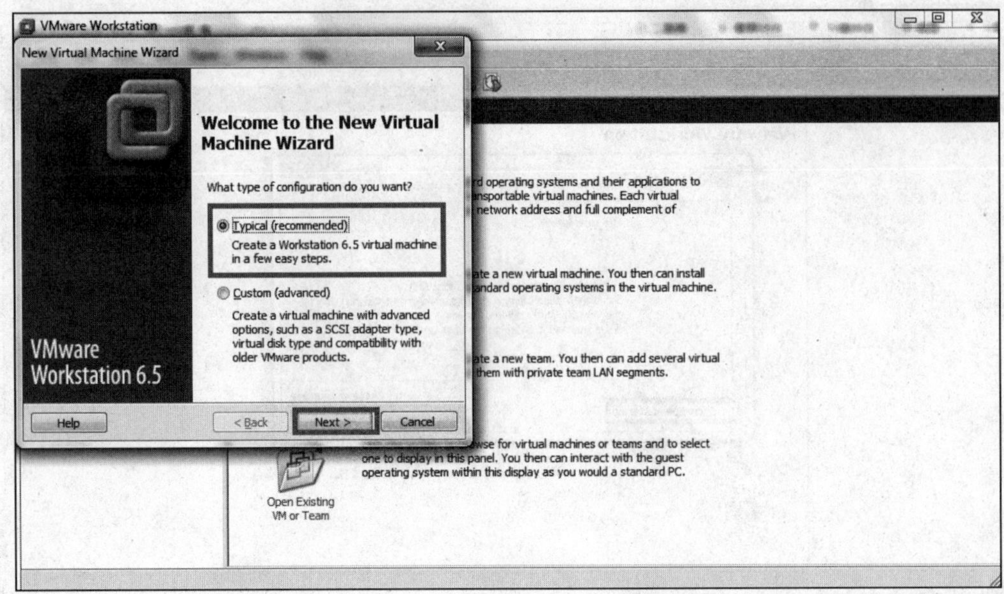

图 1-11　虚拟机建立向导界面

5）选择 Typical 单选按钮，单击 Next 按钮，进入虚拟机安装路径选择界面，如图 1-12 所示。

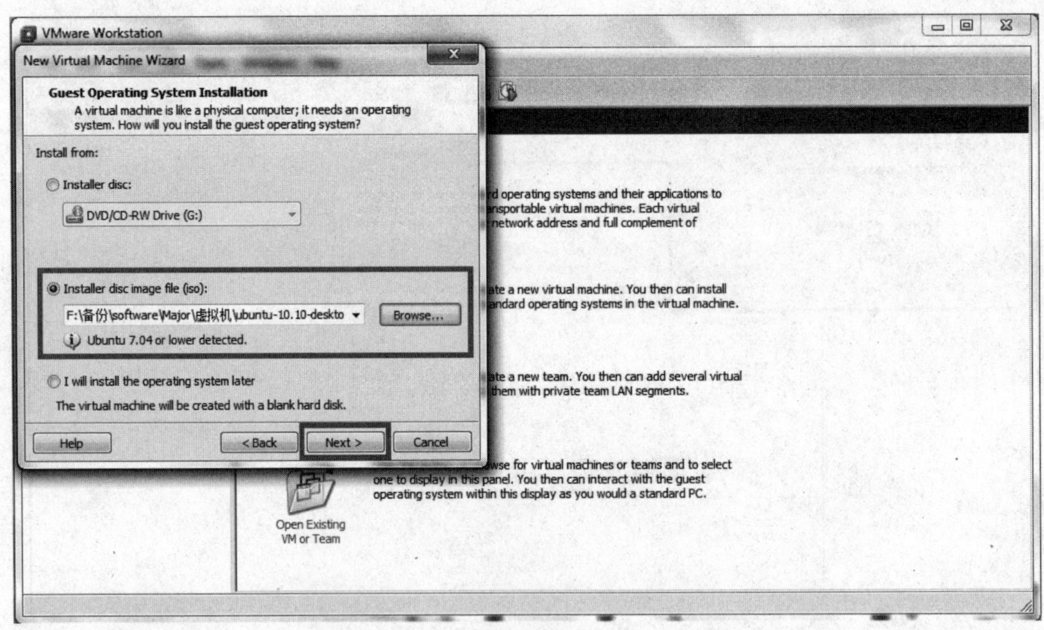

图 1-12　虚拟机安装路径选择界面

6）选择“Installer disc image file（iso）：”单选按钮，然后单击 Browse 按钮找到 Ubuntu 的安装镜像 ISO 文件，单击 Next 按钮进入虚拟机选择界面，如图 1-13 所示。

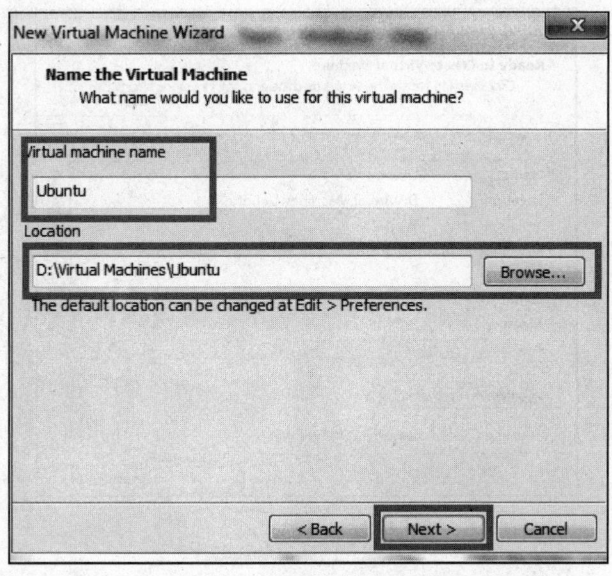

图 1-13　虚拟机选择界面

7）在 Virtual machine name 文本框内输入虚拟机的名称，然后单击 Browse 按钮选择 Ubuntu 的安装路径（Location：虚拟机文件存放位置），单击 Next 按钮，进入 Ubuntu 配置界面，如图 1-14 所示。

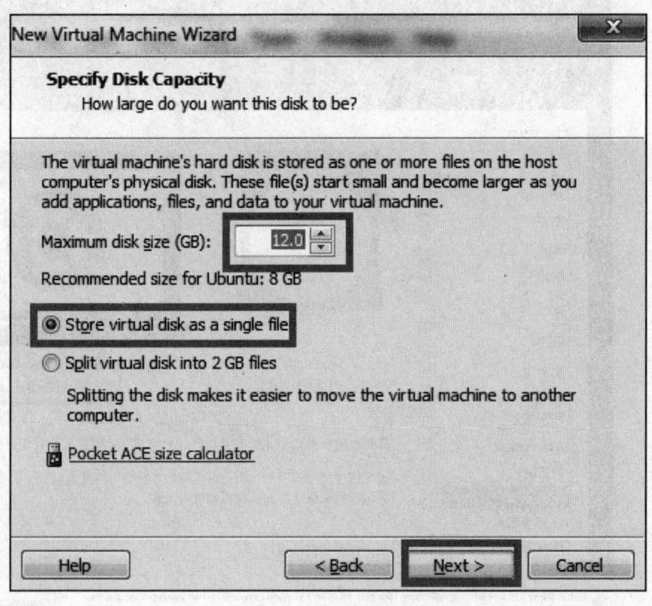

图 1-14　Ubuntu 配置界面

8）设置 Maximum disk size（GB）的最大虚拟硬盘的容量，一般设置为 12GB 即可，选择 Store virtual disk as a single file（存储虚拟硬盘为单独的文件）单选按钮，单击 Next 按钮，进入配置完成界面，如图 1-15 所示。

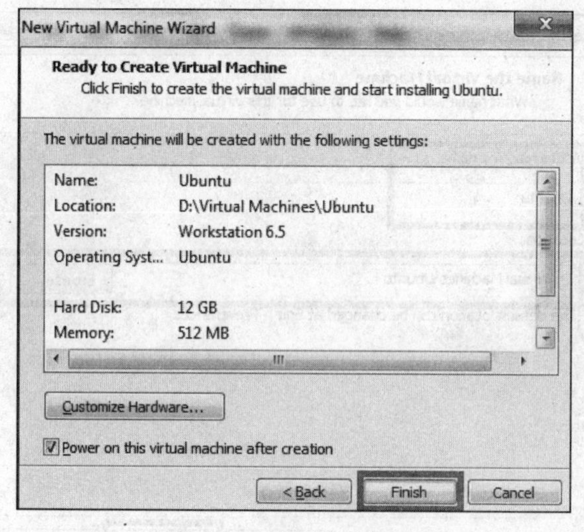

图 1-15　配置完成界面

9）单击 Finish 按钮，将启动虚拟机开始安装 Ubuntu，进入安装 Ubuntu 界面，如图 1-16 所示。

图 1-16　安装 Ubuntu 界面

10）选择 Ubuntu 的语言，可以使用“中文（简体）”（按照用户习惯决定），单击“安装 Ubuntu”按钮，进入安装向导界面，如图 1-17 所示。

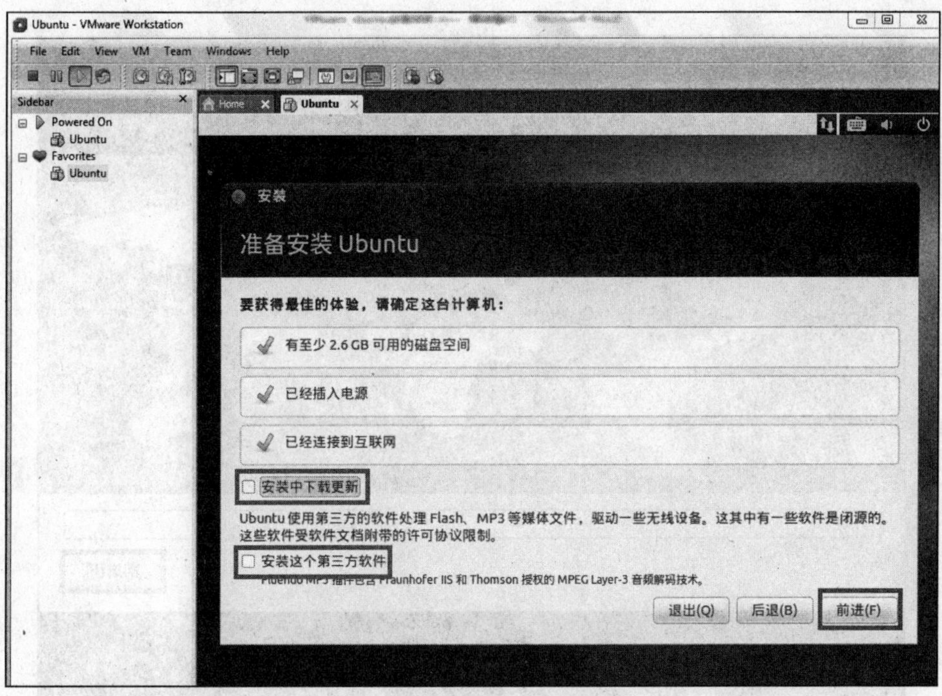

图 1-17　Ubuntu 安装向导界面

11）勾选“安装中下载更新”和“安装这个第三方软件”复选框，单击“前进”按钮进入分配磁盘空间界面，如图 1-18 所示。

图 1-18　Ubuntu 分配磁盘空间界面

12）选择“清空并使用整个硬盘”单选按钮，单击“前进”按钮，进入安装界面，如图 1-19 所示。

图 1-19　Ubuntu 安装界面

13）安装完成后，进入键盘布局选择界面，如图 1-20 所示。

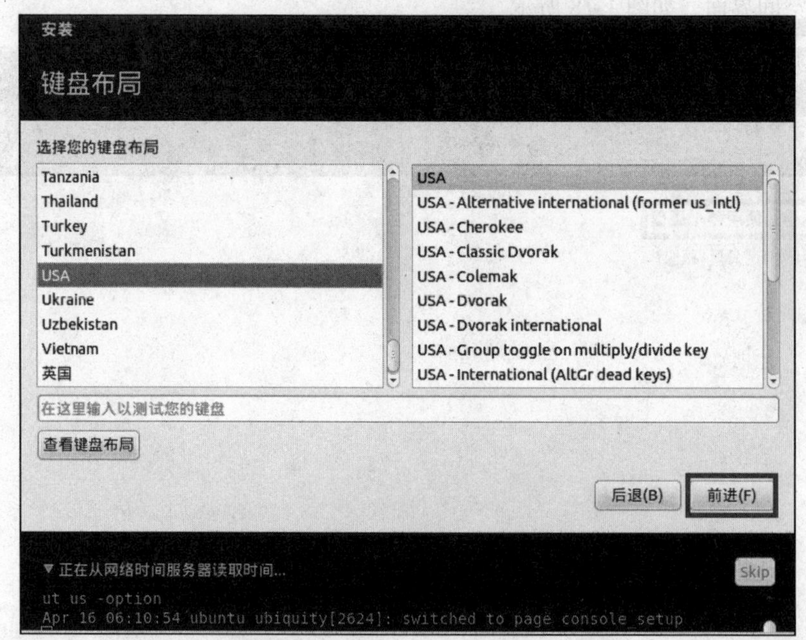

图 1-20　Ubuntu 键盘布局选择界面

14）单击“前进”按钮，进入信息注册界面，如图 1-21 所示（注意：输入的名称不能与系统关键字冲突，如 admin 或者电脑账户的用户名）。

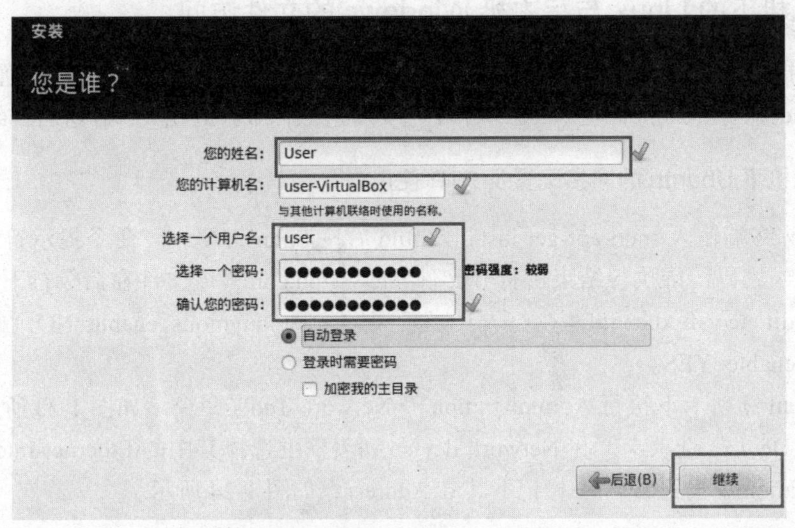

图 1-21　Ubuntu 信息注册界面

15）在“您的姓名”、“选择一个用户名”、“选择一个密码”、“Confirm your password：”对应的文本框内输入相应的内容，进入获取自由软件界面，如图 1-22 所示。

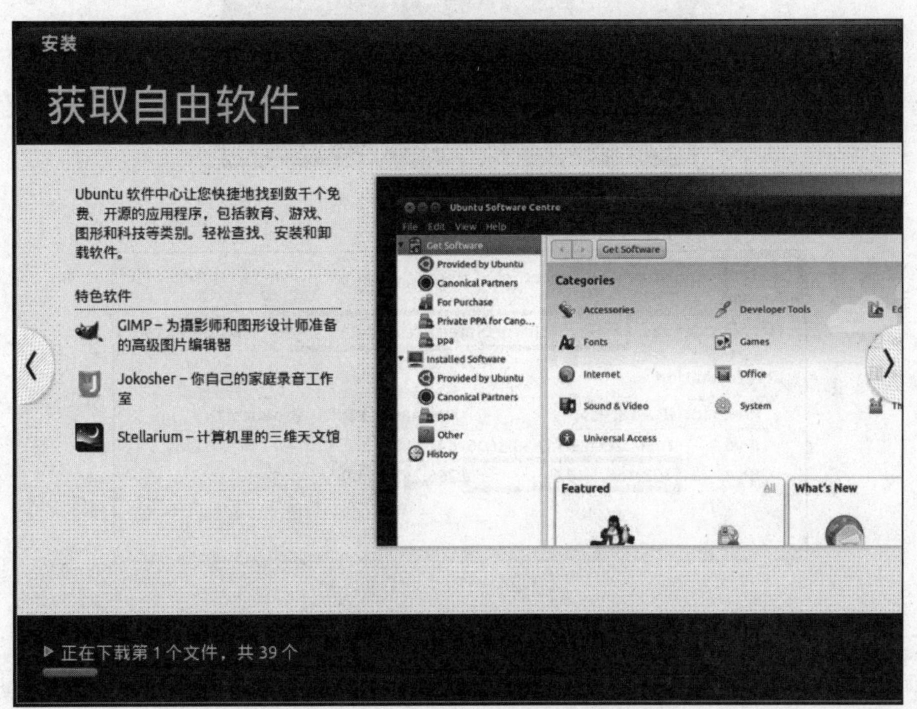

图 1-22　Ubuntu 获取自由软件界面

16）安装完毕后，重新启动系统，这样就完成了基础实验环境的搭建。

在虚拟机下，Linux 可以访问宿主机 Windows 中的文件，在下节中将会对虚拟机下 Linux 与宿主机 Windows 的文件访问方法进行详细介绍。

1.5　虚拟机下的 Linux 与宿主机 Windows 的文件访问

实现虚拟机下 Linux 与宿主机 Windows 的文件访问一般有三种常用方法：通过网络访问（FTP）、Telnet 服务、Samba 服务，在本节中主要对这三种服务的相关操作进行详细介绍。

1.5.1　虚拟机下 Ubuntu 的网络配置及 FTP 使用

在 Linux 终端输入 sudo apt-get install vsftpd 后按 Enter 键，在“命令提示符”文本框中输入用户登录密码，待执行结束后打开文件 /etc/vsftpd.conf（该文件在命令行下的打开命令为：sudo gedit/etc/vsftpd.conf），在打开的文件中找到 anonymous_enable=NO，并将其改成 anonymous_enable=YES。

在 System 选项卡下执行 Administration → Network Tools 命令，如图 1-23 所示。在弹出界面中选择 Devices 选项卡，在 Network device 列表框中选择其中的 Ethernet Interface(eth0)，在 IP Information 中找到 IPv4 一栏记下其 IP Address，如图 1-24 所示。

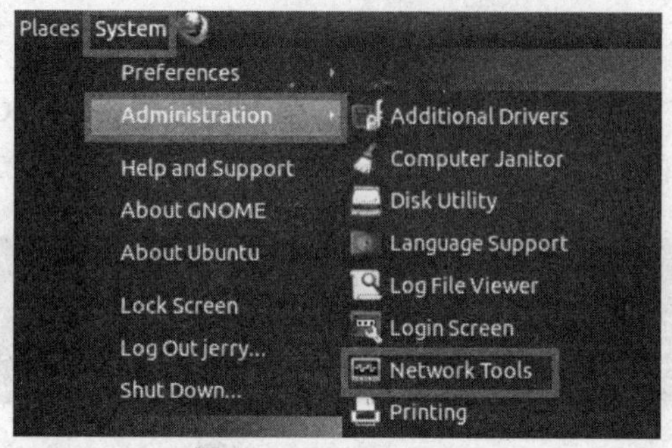

图 1-23　选择 Linux 终端界面

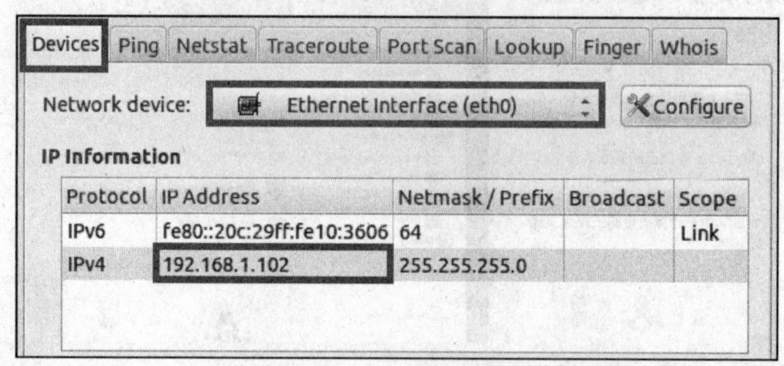

图 1-24　IP 地址界面

在 Windows 下开启 cmd 控制台（执行“开始”→“运行”命令，在弹出对话框的“打开”文本框中键入 cmd），输入命令“ftp+[空格]+[Linux 下的 IP Address]”后输入用户登录名和密码即可连接。连接成功后可使用 ls 查看文件目录，使用 get 命令提取 Linux 下的文件（注意：该文件必须在 Linux 下的 Home Folder 下或者 get+Linux 下的 Home Folder 下）+Windows 下需要存储的绝对地址，然后去该地址下查看文件，如 Linux 登录用户为 jerry，密码输入无显示，如图 1-25 所示。

```
C:\Users\Jerry>ftp 192.168.204.128
连接到 192.168.204.128。
220 (vsFTPd 2.3.2)
用户(192.168.204.128:(none)): jerry
331 Please specify the password.
密码:
230 Login successful.
ftp> ls
200 PORT command successful. Consider using PASV.
150 Here comes the directory listing.
Desktop
Documents
Downloads
Music
Pictures
Public
Templates
Videos
examples.desktop
new file.c
226 Directory send OK.
ftp: 收到 105 字节，用时 0.00秒 105000.00千字节/秒。
ftp> get a.c c:\a.c
```

图 1-25　Windows cmd 控制台

1.5.2　Ubuntu 虚拟机下开启 Telnet 服务

1）在控制台下输入如下代码安装 Telnet 服务：

```
sudo apt-get install xinetdtelnetd
```

2）安装成功后在控制台下输入如下命令打开 inetd.conf 文件：

```
sudo vi /etc/inetd.conf
```

3）输入如下命令保存并关闭 inetd.conf 文件：

```
telnet stream tcpnowaittelnetd /usr/sbin/tcpd /usr/sbin/in.telnetd
```

4）输入 sudo vi /etc/xinetd.conf 命令打开 xinetd.conf 文件，并加入以下内容：

```
# Simple configuration file for xinetd
#
# Some defaults, and include /etc/xinetd.d/
defaults
{
# Please note that you need a log_type line to be able to use log_on_success
# andlog_on_failure. The default is the following :
# log_type = SYSLOG daemon info
instances = 60
log_type = SYSLOG authpriv
log_on_success = HOST PID
log_on_failure = HOST
cps = 25 30
}
includedir/etc/xinetd.d
```

5）打开 sudo vi/etc/xinetd.d/telnet 并加入以下内容：

```
# default: on
# description: The telnet server serves telnet sessions;it uses\
# unencrypted username/password pairs for authentication.
```

```
service telnet
{
disable = no
flags = REUSE
socket_type = stream
wait = no
user = root
server = /usr/sbin/in.telnetd
log_on_failure += USERID
}
```

6）重启机器或使用如下命令重启网络服务：

```
sudo /etc/init.d/xinetd restart
```

7）显示本机地址：

```
ifconfig-a
```

8）使用 Telnet 客户端远程登录：

```
telnet <本机地址>
```

1.5.3 Ubuntu 虚拟机下开启 Samba 服务

（1）Samba 的安装

在控制台输入命令 sudo apt-get install samba 安装 Samba 服务，安装完成后再输入以下命令安装 smbfs：

```
sudo apt-get install smbfs
```

（2）创建共享目录

在控制台中输入命令 mkdir/home/willis/share 来创建共享目录，完成后再输入命令 sudo chmod 777 /home/willis/share 获取共享权限。

（3）创建 Samba 配置文件

在控制台中输入如下代码创建文件 smb.conf.bak：

```
sudo mv/etc/samba/smb.conf /etc/samba/smb.conf.bak
```

（4）创建新的 Samba 配置文件

在控制台中输入如下代码创建 Samba 服务的配置文件：

```
sudo gedit /etc/samba/smb.conf
```

打开后输入如下代码保存后关闭：

```
############### smb.conf ########################
[global]
; 创建工作组
workgroup = MYGROUP
; 安全模式，我们设置最低安全级别
security = share
; 是否允许guest用户访问
guest ok = yes
; 共享文件夹路径
path = /home/willis/share
; 读权限
browseable = yes
```

```
; 写权限
writeable = yes
```

（5）测试文件配置结果

在控制台中输入以下命令测试文件配置结果：

```
Testparm
```

（6）重启 Samba 服务

在控制台中输入如下代码重启 Samba 服务：

```
/etc/init.d/samba restart
```

（7）退出重新登录或重启机器

在控制台下输入如下代码测试登录：

```
smbclient -L //localhost/share
```

（8）远程计算机的测试

从另一台计算机的控制台上输入如下代码测试登录：

```
smbclient //<samba_server_ip>/share
```

注：samba_server_ip 即为本机 ip。

本章小结

本章主要介绍了实验环境相关的知识及其搭建过程。在本书中，将使用 Linux 和 Windows 两种操作系统。熟练掌握系统平台是完成后续工作的基础，本章的重点是在虚拟机下安装 Ubuntu 10.10，而对于其他版本 Ubuntu 的安装过程基本上是一致的。1.5 节中的相关配置不是实验的必须内容，但将极大地方便读者在实验过程中的操作。

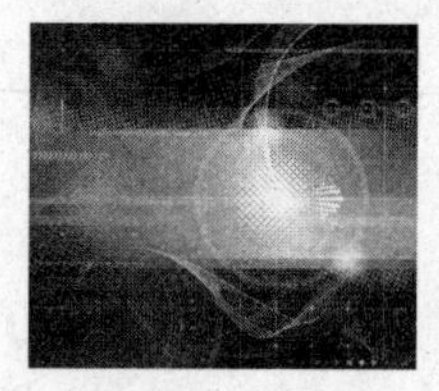

第2章 Linux与Windows的分析与比较

本章将简要介绍Linux操作系统的一些特性，并对Linux操作系统与Windows操作系统从控制台与终端、命令到C语言编译环境等方面进行分析与比较，使读者通过对比Windows操作系统，进一步了解Linux操作系统，为以后的工作做准备。

2.1 Linux系统特性

Linux是目前使用最广泛的一种基于Linux内核的类UNIX操作系统，实际上是指GNU/Linux，即采用Linux内核的GNU操作系统。

UNIX是一款功能强大的多用户、多任务的操作系统，支持多种处理器架构，具有并行处理能力；它将设备作为特殊文件来处理并分别命名，通过对文件的操作来实现对设备的操作，并屏蔽对设备操作的细节。此外，UNIX系统还提供了丰富的网络功能，是目前开放性最好的操作系统。Linux作为一种类UNIX操作系统，也具有强大的功能。而且Linux是免费的、源代码开放的UNIX兼容软件，由于具有良好的开源性而被广泛应用。现在，在Linux系统中用户不仅可以轻松实现网页浏览、文件传输、远程登录等操作，还可以作为网络服务器提供WWW、FTP、E-mail等众多服务。归纳可知，Linux具有以下特点：

1）Linux同时提供了字符界面和图形界面：在字符界面下，用户可以通过指令进行操作；在图形界面下，用户可通过鼠标进行操作。

2）Linux可以定制成嵌入式操作系统，运行在手机、掌上电脑等各种嵌入式设备中。

3）Linux中一切都是文件。系统中的命令、硬件和软件设备、操作系统、进程等对于操作系统内核而言，都被视为拥有各自特性或类型的文件。

本节将从Linux内核、软硬件资源的组织、文件系统三个方面对Linux操作系统进行介绍，使读者初步认识Linux操作系统。

2.1.1 Linux内核

Linux本意是指Linux内核，而Linux操作系统则是一套基于Linux内核的完整操作系统，后来习惯用Linux来代称Linux操作系统。“内核”是指提供硬件抽象层、磁盘机文件系统控制、多任务等功能的系统软件。Linux内核是运行程序和管理硬件设备（例如打印机）的核心程序。

Linux内核主要由进程调度模块、内存管理模块、虚拟文件系统模块（VFS）、进程间通信模块和网络接口模块构成，各模块的功能如表2-1所示。

表 2-1 Linux 模块工作内容

模块名	功能
进程调度模块	选择下一个要运行的进程，并负责控制进程公平合理地访问 CPU，同时保证内核能够实时地执行必要的硬件操作
内存管理模块	负责管理系统内存，确保所有的进程能够安全有效地共享计算机内存。同时，内存管理模块还支持虚拟内存技术
虚拟文件系统模块（VFS）	通过向所有的外部存储设备提供一个通用的文件接口，隐藏各种硬件的不同细节，从而提供并支持与其他操作系统兼容的多种文件系统。该模块使 Linux 支持多种文件系统
进程间通信模块	主要负责进程间如何进行信息交换、共享信息等工作。Linux 提供了多种通信机制，其中信号量和管道是最基本的两种
网络接口模块	网络接口可以分为网络协议和网络驱动程序，其中网络协议部分负责实现网络传输协议，网络驱动程序部分负责与硬件设备通信

2.1.2 Linux 系统软硬件资源的组织

表 2-2 按层次结构介绍了 Linux 软硬件资源的组织，并对各个层次的功能进行了简要的描述。

表 2-2 Linux 系统软硬件资源的组织

层次		内容
用户界面		定义了用户与计算机交互作用的方式，如命令行界面、菜单界面、图形用户界面
输入和输出处理		操作系统加载和运行的程序往往需要输入数据，并产生输出结果
资源管理	内核	运行程序和管理硬件设备（例如硬盘和打印机）的核心程序
	环境	为用户提供一个界面，接收来自于用户的命令，同时将这些命令发送到内核去执行。环境提供了内核和用户之间的接口。可以把这种接口描述为一个解释器，它对用户属性的命令进行解释，并将它们发送到内核。Linux 提供多种环境：桌面、窗口管理、命令行解释器（shell）
	文件结构	对存储在存储设备（例如硬盘）中的文件进行组织。文件通常按照目录进行组织。每个目录可能包含多个子目录，每个子目录可能包含多个文件。内核、环境、文件结构三者共同形成了基本的操作系统结构。借助于这三部分，用户就能够运行程序、管理文件以及与系统进行交互
硬件控制		Linux 操作系统控制计算机硬件的操作、与硬件间交换信息、协调各硬件成分的动作

2.1.3 Linux 文件系统

Linux 的最大特点是一切都是文件。在 Linux 操作系统中，负责管理和存储文件信息的软件机构称为文件管理系统，简称文件系统。文件系统由以下三个部分组成：文件管理有关的软件、被管理的文件和进行文件管理需要的数据结构。从系统角度来说，文件系统对文件存储器空间进行组织和分配，负责文件的存储，并对存入的文件进行保护和检索。具体来讲，文件系统负责为用户建立文件，存入、读出、修改、转储文件及控制文件的存取，并在用户不再使用时撤销文件。文件系统可以存储在硬盘、光盘、软盘、Flash 盘、磁带或网络存储设备等存储设备中。

Linux 支持多种文件系统，包括 ext2、ext3、vfat、ntfs、iso9660、jffs、romfs 和 nfs 等。为了对各类文件系统进行统一管理，Linux 引入了虚拟文件系统 VFS（Virtual File System），使各类文件系统有一个统一的操作界面和应用编程接口。

Linux 系统中可以同时存在不同的文件系统。当 Linux 启动时，第一个挂载的必须是根文件系统；若系统不能从指定设备上挂载根文件系统，则系统会出错并退出启动。挂载根文件系统后才可以自动或手动挂载其他的文件系统。

2.2 Windows 下的 cmd 与 Linux 下的 shell

尽管 Linux 的图形桌面系统在不断完善，但是仍然无法取代控制台。Linux 下的控制台与 Windows 相比功能更加强大，命令也更多，是开发者热衷使用的工具，将会在后面的工作中频繁使用。本节将对终端和控制台做简单的介绍，并对 cmd 与 shell 进行简单的比较。

2.2.1 终端和控制台的概念

终端（terminal）：与集中式主机系统相连的用户设备。一般分为物理终端和软件终端两种。物理终端一般指键盘和显示器。软件终端用于接收用户输入，返回主机系统输出并显示在终端的屏幕上。终端有字符哑终端和图形终端两种。

控制台（console）：可以显示系统消息（对主机有控制权）的终端。我们一般使用虚拟控制台（virtual console），即计算机本身利用硬件设备模拟的命令行字符界面。

cmd：Windows 下的一种虚拟控制台，在 Windows 下模拟 DOS 界面。通过执行“开始”→“所有程序”→“附件”→“命令提示符”命令进入 cmd。

Linux 系统利用 getty 软件虚拟了六个字符哑终端和一个图形终端（X Window）。Linux 默认所有的虚拟终端都是控制台，我们可以在不同终端使用不同的用户名登录。通过组合键 Ctrl+Alt+(F1~F6) 可以切换到另外的字符控制台，Ctrl+Alt+F7 切换回图形终端。在虚拟图形终端中又可以通过软件 (如 rxvt) 再虚拟无限多个虚拟字符哑终端。Ubuntu 中可以通过执行“应用程序”→“附加”→“终端”命令打开一个虚拟终端，这也是我们经常使用的虚拟终端。

2.2.2 Windows 下 cmd 与 Linux 下 shell 的比较

shell 与 cmd.exe 都是命令解释程序，负责将用户输入的命令转换为系统指令，它们最主要的区别是 Linux shell 是与内核相分离的一层。两者都允许编写由命令组成的程序，不同的是 Windows 下的批处理程序（.bat）结构简单，只能完成一些基本功能而且效率较低，而 Linux shell 规定了脚本中函数的用法，可以调用 API 函数，可以使用循环、分支控制等，功能强大。

2.3 Linux 和 Windows 基本命令与格式

本节将对比介绍 Linux 与 Windows 两种系统下的命令格式。

2.3.1 Windows 与 Linux 基本命令

在后面的工作中，我们需要用到 Windows 与 Linux 中的一些常用的基本命令。表 2-3 给出了这两种操作系统下常用命令的比较，并给出了 Linux 的相关语句的实例。

表 2-3 Windows 与 Linux 功能命令比较

Windows	Linux	命令解释	Linux 简单实例
<command> /? 或 Help <command>	man order	显示命令（order）帮助	man cp
dir	ls	列举所在目录文件	ls
cd	cd	用指定的路径来改换目录	cd /home
date	date	显示或设置日期	date
cls	clear	清除屏幕	clear
chdir	pwd	显示所在的文件路径	pwd
dir	whereis	查找文件	whereis man
mkdir	mkdir	创建目录	mkdir test
del	rmdir/ rm	删除文件 / 目录	rm test
copy	cp	复制文件	cp file newfile
move	mv	转移文件	mv thisfile /home/dirctory
more	cat/more/less	查看文件	cat thisfile
exit	exit	退出目前的 shell	exit
echo	echo	显示信息	echo 信息
shutdown /s	shutdown	关机	shutdown
shutdown /r	reboot	重新启动	Reboot

2.3.2 命令格式介绍和帮助查询

1. 基本命令格式

Windows 与 Linux 的基本命令格式是一致的，均为：命令 [选项] [参数]。

命令：指要执行的指令。例如对于查看目录的命令，在 Windows 下是 dir，在 Linux 下是 ls。Windows 下的命令是不区分大小写的，而在 Linux 下需要区分。

选项：用来控制命令的执行，可以同时有多个选项。Windows 和 Linux 下的选项都区分大小写。Windows 下选项的格式是："/ 选项",Linux 下的选项格式是 "- 选项" 或者 "-- 选项"，如查看当前目录下内容的详细信息：Windows：dir /a ；Linux:ls –a。

参数：命令的操作对象。如 dir C:/user 以及 ls /home/user。

2. 帮助查询

Linux 与 Windows 分别提供了不同的帮助查询用于解释命令的作用以及用法。

（1）Windows 下的帮助查询

cmd 下的帮助查询命令为：help <command> 或者 <command> /?

（2）Linux 下的帮助查询命令

whatis<command>：显示简短功能描述。

<command> --help：显示使用摘要和参数列表。

man [<chapter>]<command>：查看命令描述或手册页（manual）。

info <command>：与 man 命令类似，但提供了超链接文本。

man 命令：全称为 Manual page，是 Linux/UNIX 环境下命令与函数的帮助文档。如果要深入了解 man，请在 shell 中输入命令 man man。

2.4　Linux 和 Windows 下 C 语言编程环境及编译器

本节将对 Linux 下 C 语言的编程环境、编译器与 Windows 系统下 C 语言的编程环境、编译器进行对比分析，关于本书涉及的一些 C 语言必备的基础知识将会在第 3 章系统介绍。

1. Linux 下的 C 语言编程环境及编译器

Linux 系统内核主要是使用 C 语言编写的，此外 Linux 下的很多软件也是使用 C 语言编写的，特别是一些常用的服务软件，比如 MySQL(免费开源数据库)、Apache(Web 服务器）等。本书采用的 Linux 编程环境如下：

- ❑ 编辑器：选择 VI/gedit
- ❑ 编译器：选择 GNU C/C++ 编译器 gcc

  编译器 gcc ：多平台编译器，主要对 C 和 C++ 源程序的编译、连接生成可执行文件。以 *.c 为后缀的文件，是 C 语言源代码文件；以 *.h 为后缀的文件，是程序所包含的头文件；以 *.i 为后缀的文件，是已经预处理过的 C 源代码文件；以 *.o 为后缀的文件，是编译后的目标文件（中间文件）；以 *.s 为后缀的文件，是汇编语言源代码文件。
- ❑ 调试器：gdb
- ❑ 函数库：glibc
- ❑ 系统头文件：glibc_header

在安装 Linux 时勾选“程序开发”中的“开发工具”，就可以自动安装 gcc/gdb 了。(在开发图形界面，还需勾选 GNOME（C 语言）/KDE（C++）软件开发（图形库）。

2. Windows 下 C 语言编程环境及编译器

在本书中，我们采用的 C 语言编程环境是：

- ❑ 集成开发环境（IDE）：VS2005
- ❑ 操作系统：Windows 7
- ❑ 语言标准：C99

本章小结

本章首先对 Linux 相关知识进行了介绍，重点是 Linux 系统的一些独有特性。接下来对 Linux 与 Windows 终端、常用的命令以及编译工具进行了讲解，随着 Windows 图形化界面的快速发展，Windows 终端的使用已经越来越少，但在 Linux 下，console 或者 shell 仍然是开发者所钟爱的工具。对于 Linux 开发，掌握各种终端的命令是完成工作的基础，也是本章的重点和难点。

第 3 章 C 语言知识

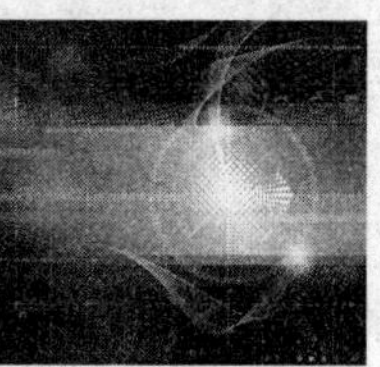

本章将对后续工作中会用到的一些 C 语言知识进行介绍，涉及程序框架、数据类型、变量、常量、运算符、函数、指针操作等内容，为完成操作系统相关实践项目做准备。

3.1 C 语言基本语法回顾

3.1.1 分析一个简单的C程序

我们先回顾一个简单的 C 程序——在屏幕上输出字符串“Hello world”，见代码 3-1。

代码 3-1

```
#include <stdio.h>
int main(void)
{
    printf("Hello world\n");
    return 0;
}
```

代码的第一行是文件包含预处理命令，表示该源文件使用了 C 标准库头文件 stdio.h 中的函数，这里用到了其中的 printf 函数。include 预处理指令不仅可以处理打开系统头文件和自定义头文件，还可以处理任何编译器能识别的代码文件，例如 .c、.hxx、.cxx、.txt、.abc 等文件。一般为了程序的结构性与可读性，程序在编写时不会包含后缀名为 .h 以外的文件。

第二行是主函数 main 的定义。main 函数是程序执行的入口。参数为空表示程序不关心传入的命令行参数（详见 5.2 节）。程序中只有一个输出语句，即为向屏幕上输出“Hello world”，以回车结尾。

代码最后用 return 关键字返回了 0。它的功能是将返回值传递给程序的执行者（如操作系统或者其父进程），并正常退出。

3.1.2 数据类型

C 语言的数据类型如图 3-1 所示。

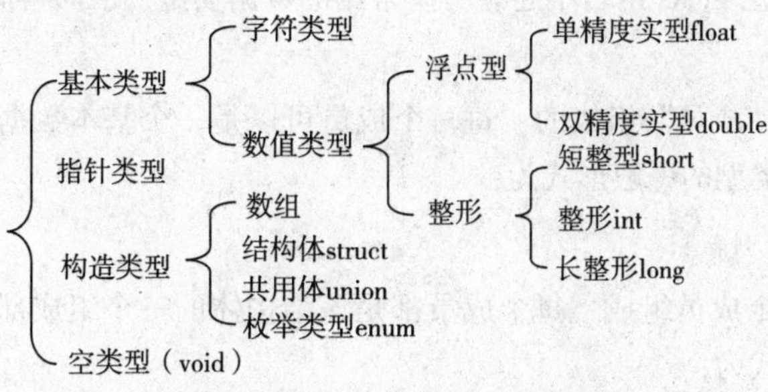

图 3-1 C 语言包含的数据类型

C 语言的基本数据类型及其在典型系统中的最小字节数如表 3-1 所示。

表 3-1 C 语言的基本数据类型及其在典型系统中的最小字节数

类型名	类型关键字	字节数	数的范围	备注
字符型	char（一般默认为无符号型）	1	0~255	随系统而异，有的系统中不能取负
无符号字符型	uns igned char	1	0~255	
有符号字符型	signed char	1	–128~127	
基本整型	int（默认为有符号）	2 或 4	–32768~32767 即 -2^{15}~（$2^{15}-1$）或 –2147483648~2147483647 即 -2^{31}~（$2^{31}-1$）	
无符号整型	unsigned int	2 或 4	0~65535 即 0~（$2^{16}-1$）或 0~4294967295 即 0~（$2^{32}-1$）	
有符号整型	signed int	2 或 4	–32768~32767 即 -2^{15}~（$2^{15}-1$）或 –2147483648~2147483647 即 -2^{31}~（$2^{31}-1$）	
短整型	short int	2	–32768~32767 即 -2^{15}~（$2^{15}-1$）	
无符号短整型	unsigned short int	2	0~65535 即 0~（$2^{16}-1$）	
有符号短整型	Signed short int	2	–32768~32767 即 -2^{15}~（$2^{15}-1$）	
长整型	long int	4	–2147483648~2147483647 即 -2^{31}~（$2^{31}-1$）	
无符号长整型	unsigned long int	4	0~4294967295 即 0~（$2^{32}-1$）	
有符号长整型	signed long int	4	–2147483648~2147483647 即 -2^{31}~（$2^{31}-1$）	
长长整型	long long int	8	-2^{63}~（$2^{63}-1$）	C99 新添加
无符号长长整型	unsigned long long int	8	0~（$2^{64}-1$）	C99 新添加
单精度实型	float	4	1×10^{-37}~1×10^{37}	6 位精度
双精度实型	double	8	1×10^{-37}~1×10^{37}	10 位精度
长双精度	long double	10	1×10^{-37}~1×10^{37}	10 位精度（会因编译器不同而有所差别）

除了上述数据类型外，C 语言中还有一些常用的数据类型，下面再简单回顾一下。

1. 结构体

结构体是由若干“成员”组成的。每一个成员可以是一个基本数据类型或一个结构体类型。定义一个结构体类型的一般形式为：

```
struct 结构名 { 成员列表 };
```

成员列表由若干个成员组成，每个成员都是该结构体的一个组成部分。必须对每个成员进行类型说明，其形式为：

```
类型说明符 成员名 ;
```

2. 枚举类型

枚举类型是指在定义中列举出所有可能的取值，被说明为该“枚举”类型的变量取值不能超过定义的范围。定义枚举类型的一般形式为：

```
enum 枚举名 { 枚举值表 };
```

在“枚举值表”中应罗列出所有可用值，这些值也称为枚举元素。枚举类型在使用中有以下规定：

1）枚举值是常量，因此不能在程序中再对其赋值。

2）枚举元素本身由系统定义了数值，从 0 开始顺序定义为 0、1、2…。如在 enum weekday{ sun,mon,tue,wed,thu,fri,sat } 中，sun 值为 0，mon 值为 1，……，sat 值为 6。

3）枚举元素不是字符常量或者字符串常量，使用时不要加引号。

3. 空类型 void

void 表示“空类型”，即表示没有与其对应的值，void* 则为“空指针类型”，void* 可以指向任何类型的数据。void 的作用有：

1）void 修饰函数返回值和参数。如果函数没有返回值，那么应声明为 void 类型。在 C 语言中，凡不加返回值类型限定的函数，就会被编译器作为返回整型值处理。但是许多程序员却将其误以为 void 类型。

2）void 指针。按照 ANSI 标准，进行算法操作的指针必须事先知道它所指向的数据类型的大小。如果根据实际编程需要，函数的参数可以是任意类型指针，那么应声明其参数为 void*。

3）void 不能代表一个真实的变量。因为定义变量时必须分配内存空间，而定义 void 类型的变量时，编译器并不为其分配内存，所以不能定义 void 变量。

3.1.3　变量与常量

常量是在程序运行过程中其值不能改变的量，而变量是其值可以改变的量。在程序中，常量是可以不经声明直接引用的，而变量则必须先声明后使用。每个变量都拥有自己的变量名，并在内存中占据一定大小的存储单元。变量定义必须在变量使用之前，一般放在函数体的开头部分，变量名和变量的值是两个不同的概念，对于如下语句：

```
int a=40;
int b=256;
```

变量名和变量值及其在内存中的存储情况如图 3-2 所示。

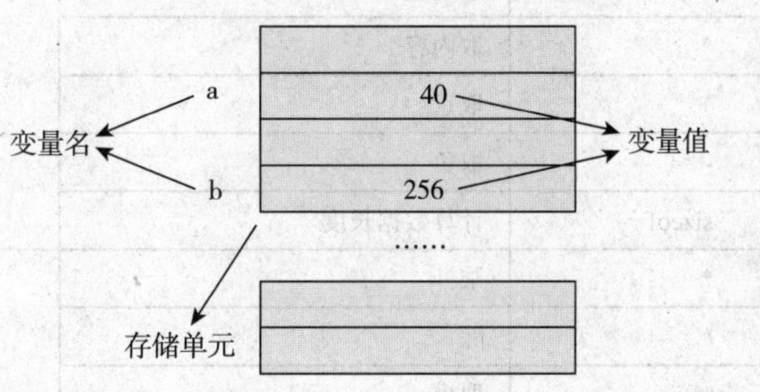

图 3-2　变量名和变量值在内存中的存储

如果需要在存储级别上定义 C 语言变量类型，可以使用以下关键字：

- ❑ auto：指定定义为自动变量，变量是用堆栈（stack）方式占用存储器空间的。
- ❑ register：指定为寄存器变量。
- ❑ static：指定为静态变量，分配在静态变量区。
- ❑ external：指定对应变量为外部变量，即标识变量或者函数的定义在其他文件中。
- ❑ static external：静态外部变量和外部变量的差别在于，外部变量可以同时为多个文件使用，而静态外部变量则只能为声明此变量的文件使用。

3.1.4　运算符

对于运算符，我们需要特别注意运算符的优先级和结合性。

1. 运算符的优先级

在 C 语言中，运算符的优先级共分为 15 级。其中 1 级最高，15 级最低。在表达式中，高优先级的运算符优先执行。出现同级运算符时，则按运算符的结合性所规定的结合方向处理。

2. 运算符的结合性

C 语言中运算符的结合性分为两种：左结合性（自左至右）和右结合性（自右至左）。算术运算符的结合性是自左至右。例如：对于表达式 a–b+c，a 先与“–”号结合，执行 a-b 运算，然后 c 与“+”号结合，执行 a–b+c 的运算。这种自左至右的结合方式就被称为“左结合性”。而自右至左的结合方式称为“右结合性”，最典型的例子就是赋值运算符。如 x=y=z，由于“=”的右结合性，应先执行 y=z 再执行 x=(y=z) 运算。C 语言运算符中有不少为右结合性。

表 3-2 列出了 C 语言中各运算符的优先级和结合性。

表 3-2　C 语言运算符优先级及结合性

类　别	运算符	名　称	优 先 级	结 合 性
强制	()	强制类型转换、参数表函数调用	1	自左向右
下标	[ ]	数组元素的下标		
成员	->、.	存取结构或联合成员		
逻辑	!	逻辑非	2	自右向左
字位	~	按位取反		
自增	++	自增 1		
自减	--	自减 1		
指针	&	取地址		
	*	取内容		
算术	+	取正		
	-	取负		
长度计算	sizeof	计算数据长度		
算术	*	乘	3	自左向右
	/	除		
	%	取模		

（续）

类别	运算符	名称	优先级	结合性
算术和指针运算	+	加	4	
	-	减		
字位	<<	左移	5	
	>>	右移		
关系	>=	大于等于	6	
	>	大于		
	<=	小于等于		
	<	小于		
	==	恒等于	7	
	!=	不等于		
字位	&	按位与	8	
	^	按位异或	9	
	|	按位或	10	
逻辑	&&	逻辑与	11	
	||	逻辑或	12	
条件	?:	条件运算	13	自右向左
赋值	=	赋值	14	
复合赋值	+=	加赋值		
	-=	减赋值		
	*=	乘赋值		
	/=	除赋值		
	%=	取余赋值		
	&=	位与赋值		
	^=	按位加赋值		
	|=	按位或赋值		
	<<=	位左移赋值		
	>>=	位右移赋值		
逗号	,	逗号运算	15	自左向右

3.1.5 函数

1. 形式参数和实际参数

形参出现在函数内部，而且只能在函数内部使用。实参出现在主调函数中，进入被调函数后，实参变量不能使用。形参和实参的功能是用作参数传递。发生函数调用时，主调函数将实参的值传送给被调函数的形参，从而实现主调函数向被调函数的数据传送。

函数的形参和实参具有如下特点：

1）形参变量是实参值的复制，在被调用时分配内存单元，只在函数内部有效，使用形参的函数一旦返回则不能再使用形参变量，形参也将被释放。

2）实参可以是常量、变量、函数等，实参在进行函数调用时必须具有确定的值才能将值传递给形参。

3）参数传递时，实参和形参在数量、类型、顺序上应保持一致，否则会发生“类型不匹配”的错误。

4）函数调用时只能将实参的值传送给形参，而无法将形参的值反向传送给实参。因此在函数调用过程中，形参的值发生改变，而实参的值通常不会变化。

2. 数组作为函数参数

用数组作为函数的参数时，通常需要注意以下几点：

1）形参数组和实参数组的类型必须严格一致。

2）数组在函数传递时只传递数组的首地址，因此，形参数组和实参数组在长度上不等时不会出现语法报错，但是通常会出现执行时的错误或者与预期效果不同情况，这类错误需要注意。

3）在函数形参表中，通常用另外一个变量来传递数组的长度。

3. 函数的返回值

函数返回值指函数被调用之后，执行函数返回给主调函数的值，通常是保存函数的运行结果相关的量。对函数的返回值要注意以下几点：

1）返回值只能通过 return 语句返回给主调函数。函数中允许有多个 return 语句，但每次调用只能有一个 return 语句被执行，该语句被执行则意味着函数执行结束。

2）函数值的类型和函数定义中函数的类型应保持一致。如果两者不一致，则以函数类型为准，自动进行类型转换。

3）对于不需要返回值的函数，可以将其返回值类型定义为 void。

4. 函数的嵌套调用

C 语言中不支持函数的嵌套定义，但是允许出现函数的嵌套调用，如在一个函数中调用其他的函数完成某一个功能。如图 3-3 所示，main 函数调用了函数 a，函数 a 在执行过程中又调用了函数 b，b 函数执行完毕返回 a 函数的断点处继续执行，a 函数执行完毕返回 main 函数的断点处继续执行。

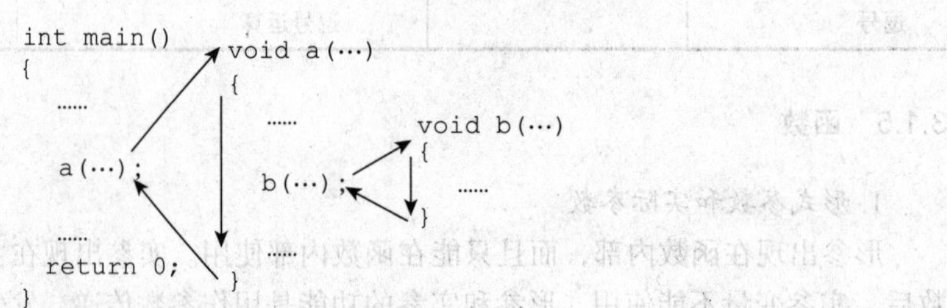

图 3-3　函数嵌套调用

3.2 指针

3.2.1 指针基础

在计算机中，内存以一个字节（1byte）为基本单位，被分成了一个个小的空间，每个空间有唯一的编号（该编号的长度为四个字节，被称为地址），效果如图 3-4 所示。

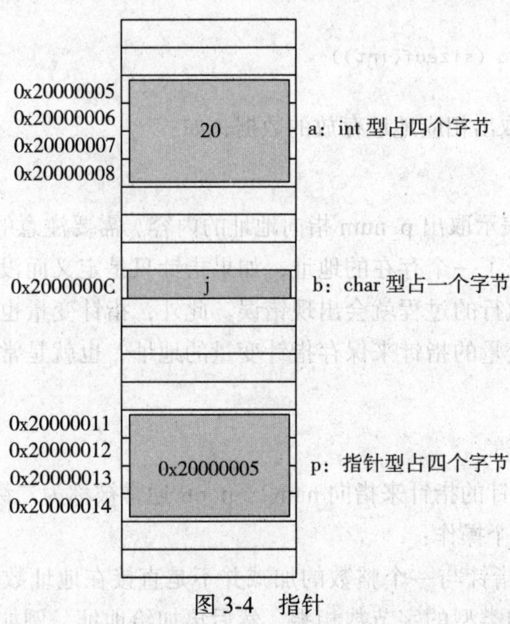

图 3-4　指针

其中，每个大小为 n 的变量会占连续的 n 个单位的内存空间，访问任何一个变量归根到底都是在访问其地址。例如，我们要访问 int 型的变量 a，实际上是将变量名 a 转换为地址来访问，即首先将 a 转化成具体的地址 0x20000005，然后根据 int 型占用 4 个字节的特性，连续访问 0x20000005 ~ 0x20000008 四个字节的内容，得到整型变量 a 的值。除此之外，对于访问 char 型变量和 double 型变量的方式是一样的，这种访问方法通常被称为直接访问方式。

C 语言提出了一种变量用来专门存放地址，这个变量称为指针变量，因为地址宽度的大小为四个字节，因此指针变量所占据的内存空间大小也为四个字节。通过指针变量得到地址，再通过地址访问存储数据的方式被称为间接访问。

3.2.2 指针变量的操作

指针变量的定义方式如下：

```
类型名 * 指针变量名;
int * p1, *p2;
```

注意，不是“int *p1, p2;”。这种定义方式表示定义了一个整型指针 p1 和一个整型指针 p2。

指针常用到的有以下 5 种类操作。

1）赋值：将一个地址赋值给指针变量，如：

```
int num;
int *p_num=&num;
```

其中 p_num 保存了 num 的地址。“&”是取地址符，用来获得一个变量的地址；在赋值过程中，可以让多个指针指向同一块地址。

通常，也会给指针临时分配一块地址来存放数据，这是通过 malloc 函数来实现的，malloc 函数的原型为：“extern void *malloc(unsigned int num_bytes);”。动态分配的内存使用结束后，需要手动释放，这通过 free 函数完成，free 函数的原型为：“void free(void *ptr);”。

使用方法如下：

```
int *p=(int *) malloc (sizeof(int));
free(p);
```

2）取值：根据指针取出相应地址存放的数据，如：

```
int num2=*p_num;
```

“*”为取内容符，表示取出 p_num 指向地址的内容。需要注意的是：通过“*”来赋值的前提是指针已经被赋予了一个存在的地址，如果指针只是定义而没有赋予地址，由于指针指向的地址是不定的，执行的过程就会出现错误。此外，指针变量也是有地址的，因此可以通过定义一个指向指针变量的指针来保存指针变量的地址，也就是常说的指针的指针。其定义如下：

```
int **p_ptr=&num2;
```

这样就定义了一个指针的指针来指向 num2，p_ptr 通常被称为二级指针。

需要特别注意以下三个操作：

3）与整数的加减：指针与一个整数的加减并不是直接在地址数值上加上那个整数，而是首先将整数与指针指向类型的字节数相乘，然后再加给地址。例如，对于 int *p_num2=p_num+3;，如果 p_pum 指向的地址是 0x00000001（十进制的 1），则 p_num2 指向的地址就是 0x0000000D（十进制即为 13=1+3*4）。减法的过程与此类似，这种用法通常用在数组或者字符串的操作中（在后面的数组操作中我们将着重介绍）。

4）改变指针值：指针作为一个变量时是可以改变的。可以给一个指针重新赋予地址值，也可以为指针自加或者自减一个数。前者比较容易理解，只要用赋值符号重新赋值即可；后者则是用前缀（或者后缀）的“++”、“--”来对指针进行加和减的操作，加减的效果和加上或者减少一个数值为 1 的整数是一样的。

5）指针的差：指针求差主要用在数组操作中，得到的数值即为两个地址实际的差除以指针指向类型的大小。

3.2.3　指针与函数

1. 指针作为函数的参数

指针通常作为函数的参数使用。之前已经讲过，函数会将实际参数赋值给形式参数供函数内部使用，如果通过函数内部的操作修改形式参数的值，仍然不会改变实际参数的值。但是有时候，我们需要通过函数来修改实际参数的值。这时就可以使用指针（指向要修改值）作为参数。因为指针作为参数的时候，会将值复制给形式参数，但是形式参数和实际参数指向同一块内存地址，这样就可以通过形式参数指针来达到改变数据的目的。

2. 指向函数的指针

在内存组织中，函数也是占用一系列内存空间的，函数的指针用来保存这一系列空间的首地址，也就是指向这个函数。定义方式如下：

```
数据类型 (* 指针变量名 )( 参数列表 )
```

这种定义固定了函数的参数和返回值，一个定义好的指针可以指向任何一个满足这两个条件的函数。函数的指针通常会被另一个函数作为参数，为一个函数调用另一个函数提供新的方式。

3. 指针作为返回值

返回值为指针的函数定义方式如下：

```
类型名 * 函数名 (参数列表)
```

3.2.4　数组与指针

数组元素地址排布具有连续性，且存放变量类型相同，故经常通过指针来进行相关操作。数组的数组名即为数组的地址，同时也是数组第一个元素的首地址。

通常使用数组名为指针变量赋值来达到使指针指向该数组的目的。该指针同时也指向了数组的第一个元素。如：

```
int array[10];
int *p=array;
```

获得某个元素的地址有以下两种方式：

1）通过下标得到数组元素，然后取其地址：

```
int *p2=&array[2];
```

2）直接对首地址指针增加相应元素与首元素下标的差值来得到：

```
int *p3=p+2;
```

上面已经提到过，给指针加上一个整数实际上是给指针的值加上整数乘以类型大小，这样恰好可以得到数组相应元素的地址。

同样，如果对指针进行自增（++）或自减（--），会使指针向后移一位或者向前移一位。在一个数组中可以同时使用多个指针来指向数组不同的位置，这样使得数组的操作更加灵活。

除了以上操作数组的方法，通常还可以为一个指针临时分配一系列地址空间，可以看成是一个动态生成的数组，这里仍将用到 malloc 和 free 函数。例如，生成一个包含 10 个 int 型元素的数组，然后释放掉相应的内存空间，其代码如下：

```
int *p_array=(int *)malloc(10*sizeof(int));
free(p_array);
```

3.3　C 标准库

库是一个可以在多个程序中使用的程序组件集合，C 标准库中包含了许多有用的函数，这些函数可以完成读写操作以及字符串操作等工作。C 标准库包括一系列头文件，C89 库的 15 个标准头文件如表 3-3 所示。

表 3-3　C89 库标准头文件

头 文 件	功　能
<assert.h>	诊断功能，主要为了提供 assert() 宏
<ctype.h>	字符处理，对单个字符进行处理
<errno.h>	出错报告，通过宏定义出了各种错误码，用于诊断
<float.h>	提供了浮点型的范围和精度的宏，在数值分析时会经常用到
<limit.h>	提供了整型的范围和精度的宏
<locale.h>	提供本地化支持，包括翻译和货币转换
<math.h>	提供了大量的数学公式，如平方、正余弦函数等
<setjmp.h>	提供非本地跳转
<signal.h>	支持中断信号的处理
<stdarg.h>	支持函数接收不定量参数
<stddef.h>	定义常用的常量，如 NULL
<stdio.h>	最常用的头文件，支持标准输入输出
<stdlib.h>	提供了许多常用的系统函数，如 exit()
<string.h>	支持字符串处理
<time.h>	支持日期和时间的头文件

C99 新增的 9 个头文件如表 3-4 所示。

表 3-4　C99 新增头文件

头 文 件	功　能
<complex.h>	支持复数运算
<fenv.h>	定义了浮点数环境控制函数、异常控制函数等，为编写高精度浮点运算创造条件
<inttypes.h>	支持宽大整数的处理
<iso646.h>	通过宏定义了一系列操作
<stdbool.h>	支持 bool 数据类型
<stdint.h>	定义一些新长度的整型，以及大数输出函数
<stdgmath.h>	定义了普通的浮点宏
<wchar.h>	支持多字节和宽字符
<wctype.h>	支持多字节和宽字符的处理函数

本章小结

本章主要回顾、梳理了 C 语言编程的相关知识。C 语言通常是操作系统课程的先导课程，本书后续所有实践项目都将使用 C 语言来完成。本章重点回顾的 C 语言的语法与后续实践项目密切相关，应熟练掌握。C 语言的重点和难点在于指针和结构体的使用上。

第 4 章 文件 I/O

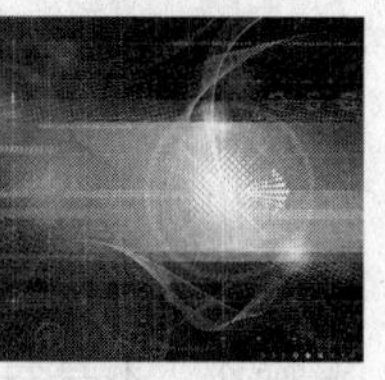

本章将从系统调用与标准库两个方面来介绍文件 I/O 操作。首先将描述系统调用与标准库的概念，接下来介绍标准库中的文件 I/O 函数，包括打开文件、读文件、写文件等相关 I/O 操作。

4.1 系统调用与 C 语言标准库

系统调用是操作系统提供给用户程序的“特殊”接口，使用户程序可以获取操作系统内核提供的一系列服务。系统调用起到中介的作用，将用户程序的请求传达给内核，并将内核的处理结果返回给用户。例如，用户可以通过文件系统的相关调用对文件执行打开、关闭或者读写的操作。

C 语言标准库是利用系统调用来实现的，它依赖于系统的系统调用封装起来，使其对开发者透明，从而实现跨平台的特性。系统调用的实现在内核完成，而 C 语言标准库则在用户态实现；标准库函数完全运行在用户空间，在幕后完成实际事务的系统调用统一的接口。例如，标准库函数中最常用的输出函数 printf() 首先将数据转化为符合格式的字符串，系统再调用 write() 函数输出这些字符串。另外，系统调用和 C 标准库函数也不是一一对应的，存在不同标准函数调用同一个系统调用的现象，如图 4-1 所示。

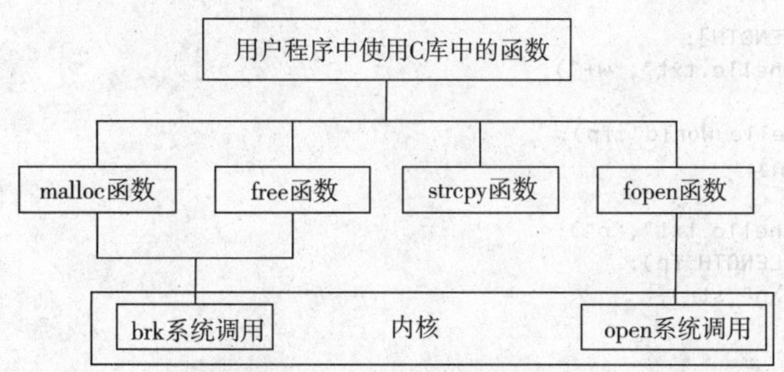

图 4-1 系统调用与 C 标准库

我们以 printf 函数为例来说明系统调用和库函数的区别。在 C 语言编程中，若想输出某个结果，会用到 C 语言标准库中的 printf 函数，它会解析我们传入的参数，此时，printf 函数就会将所带的格式化参数转换成一个字符串；然后，printf 函数就会调用 write 系统调用，相当于汇编语言将系统调用号放在 eax 寄存器中，将后面的参数放在后面的寄存器中，并发出一个 0x80 的中断，使 CPU 进入中断模式，这就是系统调用。所以，我们在用户应用程序中既可以调用 C 库函数，也可以自己实现具有输出功能的函数，完全抛弃 C 语言标准库。无论采用哪种方式来实现我们需要的功能，应用程序最终都是使用系统调用才能与内核交互，因为系统规定用户应用程序无法访问其他程序甚至是内核的内存空间，这样也就无法直接访问硬件设备，必须借助系统调用使自己阻塞，由内核来完成应用程序想要的操作，等待内核为其传递所需信息，最后再回到用户应用程序执行。同样的道理，内核会将返回的参数放在寄存器中，如果参数内容过多，就会将参数结构指针的地址放在寄存器中，然后用户程序在内存中读出所需的数据内容，继续运行。C语言标准库将系统调用封装起来还有一个特性，就是C语言标准库将I/O的控制一起封装在函数里，我们通过更安全的方式来处理，如缓冲控制等操作。不是每个库函数都会进入核心态，但每个系统调用肯定会进入核心态。

4.2 Linux文件系统调用函数

对于内核，所有打开的文件都通过文件描述符引用。文件描述符是一个非负整数，用来标识打开的文件和设备。当打开一个现有文件或创建一个新文件时，内核向进程返回一个文件描述符。当读或写一个文件时，使用open或creat返回的文件描述符，并将其传递给read或write。在一个程序开始运行的时候，一般已经为该程序打开3个文件描述符：0（标准输入），1（标准输出），2（标准错误）。

如下的代码4-1和4-2分别为使用C库和系统调用API两种方式实现对Linux文件的操作。在当前目录下创建用户可读写文件“hello.txt”，在其中写入“Hello World”，关闭文件，当再次打开文件时，读取其中的内容并输出到屏幕上。代码4-1使用了C标准实现Linux文件操作，代码4-2使用系统调用来实现Linux文件操作：

代码　4-1

```
#include<stdio.h>
#define LENGTH 100

int main(void)
{
    FILE* fp;
    char str[LENGTH];
    fp=fopen("hello.txt","w+");
    if(fp){
      fputs("Hello World",fp);
      fclose(fp);
    }
    fp=fopen("hello.txt","r");
    fgets(str,LENGTH,fp);
    printf("%s\n",str);
    fclose(fp);
    return 0;
}
```

代码　4-2

```
#include<fcntl.h>
#include<stdio.h>

#define LENGTH 100

int main(void){
    int fd,len;
    char str[LENGTH];
    fd=open("hello.txt",O_CREAT|O_RDWR,S_IRUSR|S_IWUSR);
    if(fd){
        write(fd,"HelloWorld",strlen("HelloWorld"));
```

```
        close(fd);
    }
    fd=open("hello.txt",O_RDWR);
    len=read(fd,str,LENGTH);
    str[len]='\0';
    printf("%s\n",str);
    close(fd);
    return 0;
}
```

相关的函数说明如下：

1. open 函数

调用 open 函数可以打开或创建一个文件。

```
#include<fcntl.h>
int open(const char* pathname,int flags, ... /* mode_t mode */);
```

返回值：若成功则返回文件描述符，若出错则返回 –1。

对于第三个参数，一般情况下，只有在创建文件时才会用到。参数 pathname 指向要打开的文件路径。flags 是打开方式，它所能使用的常数如下：

- O_RDONLY 以只读方式打开文件。
- O_WRONLY 以只写方式打开文件。
- O_RDWR 以可读写方式打开文件。

以上三个常数是必要互斥的，必须且只能指定一个。下列常数是可选择的：

- O_CREAT　若想要打开的文件不存在，则自动建立该文件。
- O_EXCL　如果 O_CREAT 也被设置，此指令会去检查文件是否存在。文件若不存在则建立该文件，否则将导致打开文件错误。此外，若 O_CREAT 与 O_EXCL 同时设置，并且欲打开的文件为符号连接，则打开文件失败。O_NOCTTY 如果欲打开的文件为终端机设备时，则不会将该终端机当成进程控制终端机。
- O_TRUNC　若文件存在并且以可写的方式打开时，会使文件长度清 0，而原来存于该文件的资料也会消失。O_APPEND 当读写文件时会从文件尾开始移动，也就是所写入的数据会以附加的方式加入到文件后面。
- O_NONBLOCK　以不可阻断的方式打开文件，也就是无论有无数据读取或等待，都会立即返回进程之中。

此外，flags 还有 O_SYNC、O_RSYNC、O_DSYNC、O_NOFOLLOW、O_DIRECTORY 等选项，读者可以根据需要来查找相关资料。

当 open 函数使用 O_CREAT 标志来创建一个文件的时候，必须使用有 3 个参数格式的 open 函数。第 3 个参数 mode 可由几个标志位或操作后得到，这些标志在头文件 sys/stat.h 中定义：

- S_IRWXU00700 权限：代表该文件所有者具有可读、可写及可执行的权限。
- S_IRUSR 或 S_IREAD 权限：代表该文件所有者具有可读取的权限。
- S_IWUSR 或 S_IWRITE 权限：代表该文件所有者具有可写入的权限。
- S_IXUSR 或 S_IEXEC 权限：代表该文件所有者具有可执行的权限。
- S_IRWXG 权限：代表该文件用户组具有可读、可写及可执行的权限。

- ❑ S_IRGRP 权限：代表该文件用户组具有可读的权限。
- ❑ S_IWGRP 权限：代表该文件用户组具有可写入的权限。
- ❑ S_IXGRP 权限：代表该文件用户组具有可执行的权限。
- ❑ S_IRWXO 权限：代表其他用户具有可读、可写及可执行的权限。
- ❑ S_IROTH 权限：代表其他用户具有可读的权限。
- ❑ S_IWOTH 权限：代表其他用户具有可写入的权限。
- ❑ S_IXOTH 权限：代表其他用户具有可执行的权限。

```
open("file",O_CREAT,S_IWUSR|S_IXOTH);
```

上面一行代码的作用是创建一个名为 file 的文件，文件拥有者拥有它的写操作权限，其他用户拥有它的执行权限。

2. close 函数

close 函数用来关闭一个打开的文件。

```
#include<unistd.h>
int close(int filedes);
```

返回值：若成功返回 0，若出错返回 -1。

调用 close 函数可以终止一个文件描述符 filedes 与相应文件之间的关联，文件描述符被释放。

3. read 函数

read 函数用来从打开文件中读数据。

```
#include<unistd.h>
ssize_t read(int fildes,void* buf,size_t nbytes);
```

返回值：若执行成功，返回读到的字节数，若出错返回 -1。

函数 read 的作用是从与文件描述符 filedes 相关联的文件中读取 *n* 个字节的数据，并将它们放到 buf 所指的区域里。如果这个函数返回值为 0，则表示已经到达了文件尾而没有读入任何数据。

补充知识：流的概念

计算机有很多外部设备，这些设备都和 I/O 操作有关系，而每种设备都具有不同的特性和操作协议。操作系统负责实现微处理器和外设的通信细节，并向应用开发程序员提供更为简单和统一的 I/O 接口，比如利用 Linux 操作系统下的 open()、read()、write() 等系统调用可以以文件的形式打开并读写一个设备。

ANSIC 进一步对 I/O 的概念进行抽象。就 C 程序而言，所有的 I/O 操作只是简单地从程序移进或者移出字节，这种字节流便被称为流。程序员只需要关心创建正确的输出字节数据，以及正确地解释从输入读取的字节数据。因此流是一个高度抽象的概念，它将数据的输入和输出看作是数据的流入和流出，这样任何 I/O 设备都被视为流的源和目的，对它们的操作就是数据的流入和流出。

在 C 语言中，流分为两种类型：文本流和二进制流。下面分别对其进行介绍：

文本流指在流中流动的数据是以字符的形式出现的。流中的每一个字符对应一个字节，用于存放对应的 ASCII 码值，因此文本流中的数据可以显示和打印出来，这些数据都是用户可以读懂的信息。比如，一串数字“5678”在文本流中的存放形式为（以 ASCII 码为例）00110101001101100011011100111000（5 对应的 ASCII 码值是 53，即为 00110101），一共占用 4 个字节，UNIX 系统只使用一个换行符结尾，文本流中不能包含空字符（即 ASCII 码中的 NULL）。

二进制流中的字节将完全根据程序编写它们的形式写入到文件或者设备中，而且完全根据它们从文件或者设备读取的形式读入到程序中。它们并未做任何改变，这种类型的流适合非文本数据，但是如果你不希望 I/O 函数修改文本文件的行末字符，也可以将它用于文本文件。二进制数据也可在屏幕上显示，但其内容无法读懂。

4. write 函数

用 write 函数向打开文件写数据。

```
#include<unistd.h>
ssize_t write(int fildes,const void* buf,size_t nbytes);
```

返回值：若成功返回已写的字节数，若出错则返回 -1。

write 函数的作用是将缓冲区的前 *n* 个字节写入文件描述符 fildes 相关联的文件中。如果这个函数的返回值是 0，则表示没有写入任何数据；如果返回值是 -1，则表示在 write 调用中出现了错误，对应的错误代码保持在全局变量 errno 中。

4.3 C 语言标准库中的文件 I/O 函数

1. fopen、freopen、fdopen 函数

下列 3 个函数可用于打开一个标准 I/O 流：

```
FILE* fopen(const char*filename,const char* mode);
FILE* freopen(const char*filename,const char* mode,FILE* fp);
FILE* fdopen(int filedes,const char* mode);
```

返回值：若成功返回指明流的指针，失败则返回 NULL。

这 3 个函数的功能是：fopen 打开 filename 指定的文件，filename 是该文件的路径名。freopen 在一个特定的流上（由 fp 指示）打开一个指定的文件（其路径名由 filename 指示），若该流已打开，则需先将流关闭。此函数一般用于将一个指定的文件打开为一个预定义的流：标准输入、标准输出或标准错误输出。fdopen 取一个现存的文件描述符，将其与标准的 I/O 流相结合。

mode 参数如下：

- ❑ "rt"：打开一个文本文件，只能读。
- ❑ "wt"：生成一个文本文件，只能写。若文件存在则被重写。
- ❑ "at"：打开一个文本文件，只能在文件尾部添加。
- ❑ "rb"：打开一个二进制文件，只能读。
- ❑ "wb"：生成一个二进制文件，只能写。
- ❑ "ab"：打开一个二进制文件，只能在文件尾部添加。
- ❑ "rt+"：打开一个文本文件，可读可写。
- ❑ "wt+"：生成一个文本文件，可读可写。

❑ "at+"：打开一个文本文件，可读可添加。

❑ "rb+"：打开一个二进制文件，可读可写。

❑ "wb+"：生成一个二进制文件，可读可写。

❑ "ab+"：打开一个二进制文件，可读可添加。

注意：需先定义 FILE* 文件指针名；"文件名"若用 argv[1] 代替，则可使用命令行形式指定文件名。

2.fread 函数

```
#include<stdio.h>
size_t fread(void* ptr,size_t size,size_t n,FILE* stream);
```

返回值：若执行成功返回实际读取到的数据块个数。

fread 从一个文件流里读取数据。数据从已打开的文件流中被读到 ptr 指定的数据缓冲区内，fread 和 fwrite 都是对数据记录进行操作的，size 参数指定每个数据记录的长度，计算器 n 给出将要传输的记录个数，读取的字符数由参数 size*n 决定。

3. fwrite 函数

```
#include<stdio.h>
size_t fwrite(const void* ptr,size_t size,size_t n,FILE* stream)
```

返回值：返回成功写入的数据块个数，若写入出错，则个数比 *n* 小。

fwrite 函数可以将参数 stream 中的数据写到 ptr 指向的空间中。共写入 *n* 个数据块，其中每个数据块的大小是 size。例如：

```
fwrite(&s,sizeof(s),1,stream);
```

其中 s 是一个结构变量，"stream=fopen();"。

4. fclose 函数

```
int fclose(FILE* stream)
```

返回值：成功返回 0，失败返回 EOF。

该函数用来关闭一个流，函数执行时首先清除所有与 stream 相连的缓冲区，释放系统分配的缓冲区，但由 setbuf 设置的缓冲区不能自动释放。

5.fseek 函数

```
int fseek(FILE* stream,long offset,int whence)
```

返回值：成功返回 0，失败返回非 0。

fseek 是移动文件指针函数。强制一个文件的位置指针指向某个位置（甚至超出文件的尾部）。

使用格式：fseek*(文件指针 , 偏移 (长整型), 起点)

定义 FILE* 文件指针名；

"起点"取值：

❑ 0 或 SEEK_SET：表示文件开头。

- ❑ 1 或 SEEK_CUR：表示当前位置。
- ❑ 2 或 SEEK_END：表示文件尾端。

6. fgetc、getc 和 getchar 函数

```
#include<stdio.h>
int fgetc(FILE* stream);
int getc(FILE* stream);
int getchar();
```

返回值：若执行成功返回读取到的字符，出错或到达文件尾则返回 EOF。

fgetc 函数的作用是从 stream 所指的文件中读取一个字符。fgetc 函数与 getc 函数作用相同，但函数 getc 可以被实现为一个宏而 fgetc 函数不能；getchar 函数等同于 getc(stdin)。

7. fputc、putc 和 putchar 函数

```
#include<stdio.h>
int fputc(int c,FILE* stream);
int putc(int c,FILE*s tream);
int putchar(int c);
```

返回值：若执行成功返回写入数据流的字符，出错则返回 EOF。

与输入函数一样，putchar(c) 等同于 putc(c,stdout); 语句，函数 putc 可被实现为宏，而函数 fputc 不能。

8. fgets、gets 函数

```
#include<stdio.h>
char* fgets(char* buf,int n,FILE* stream);
char* gets(char* buf);
```

返回值：若执行成功返回 buf，出错或处于文件尾端则返回 NULL。

如上两个函数提供每次输入一行的功能，将读到的字符写到 buf 指向的字符串中。gets 函数从标准输入读，而 fgets 函数从指定的流读。

9. printf、fprintf 和 sprintf 函数

```
#include<stdio.h>
int printf(const char* format,...);
int sprintf(char* buf,const char* format,...);
int fprintf(FILE* stream,const char* format,...);
```

这三个函数都是用来输出数据，其中，printf 函数将输出送到标准输出设备中，fprintf 函数将输出送到某个文件流中，sprintf 函数将自己的输出和一个结尾用的空字符写到作为一个参数传递过来的字符串 buf 中。

10. scanf、fscanf 和 sscanf 函数

```
#include<stdio.h>
int scanf(const char* format,...);
int sscanf(const char* s,const char* format,...);
int fscanf(FILE *stream,const char* format,...);
```

与 printf 函数相似，scanf 函数的作用是从一个文件流里读取数据，并将数据值存放到传

递过来的指针参数指向地址的变量中。

本章小结

本章主要讲解了文件 I/O 的基本操作，包括系统调用和标准库函数两个方面。本章的内容偏向于对理论的讲解，讲解文件 I/O 操作在实际使用时很容易引发错误，因此本章的难点和重点都在于理论知识的实际操作上。在后续的实践中文件 I/O 的使用较多，读者应参考本章的理论知识多加实践，并能够熟练使用几种重要的文件 I/O 操作函数。

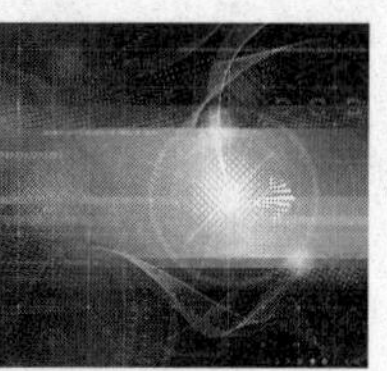

第 5 章 系统进程编程基础

这一章我们将讨论系统在创建进程与终止进程时的操作，并分析 Linux 与 Windows 在进程操作方面的异同，通过实例来分析相关函数的功能和特性。其中，5.3 ~ 5.4 节将重点分析 Linux 下的进程控制函数，5.4 节将重点分析 Windows 下进程控制函数，并比较 Windows 与 Linux 环境下进程控制函数的不同。

5.1 main 函数与命令行参数

进程是程序动态执行的过程，也是程序执行和资源管理的基本单位。客观上，进程可以被表征为标识符、程序计数器、状态、内存指针、上下文数据、I/O 状态等信息来描述。正如大家所知，C 程序总是从 main 函数开始执行。下面就通过分析一个简单 C 程序说明 Linux 下进程的执行过程。main 函数的原型是：

```
int main(int argc,char* argv[]);
```

其中，argc 是命令行参数的个数，argv 是指向参数的各个指针所构成的数组。

当内核启动 C 程序时，在调用 main 函数前先调用一个特殊的启动进程。这个特殊进程的工作过程会在后面章节介绍。这个特殊进程调用 exec 函数可将命令行参数和环境变量值传递给该新程序。这是 Linux shell 的一部分常规操作。

代码 5-1 将命令行参数个数和其所有命令行参数都回送到标准输出上：

代码 5-1

```
#include <stdio.h>
int main(int argc, char *argv[])
{
    printf(“argc=%d\n”,argc);
    int i;
    for (i=0;i<argc;i++) printf(“argv[%d]=%s\n”,i,argv[i]);
    return 0;
}
```

通常，argv[argc] 是一个空指针（由于特殊原因定制的 Linux 除外），这就使我们可以将参数处理循环改写为：

```
for(i=0;argv[i]!=NULL;i++)
```

进程启动后，将会拥有一个非负整型的唯一进程 ID（PID）。因为进程 ID 标识符总是唯一的，常将其用作其他标识符的一部分以保证其唯一性。

5.2 进程终止

有五种方式可以使进程正常终止：从 main 函数中返回、调用 exit 函数、调用 _exit 函数

或 _Exit 函数、最后一个线程调用 pthread_exit 函数、最后一个线程从启动进程中返回（最后两种我们不予讨论）。

有三种方式会使进程异常终止：调用 abort、由一个信号终止、最后一个线程对取消请求做出响应。

exit、_exit 和 _Exit 函数用于正常终止一个程序。其中，_exit 和 _Exit 函数立即进入内核，exit 则先执行一些清除处理（包括调用执行各终止处理程序，关闭所有标准 I/O 流等），然后进入内核。

exit、_exit 和 _Exit 函数原型如下：

```
#include<stdlib.h>
void exit(int status);
void _Exit(int status);
```

exit 和 _exit 都带一个整型参数，称之为终止状态。大多数 Linux shell 都提供检查一个进程终止状态的方法。

5.3 Linux 中的进程控制函数

5.3.1 fork 函数

由一个现存进程调用 fork 函数是 Linux 内核创建一个用户新进程的唯一方法。

fork 函数的格式如下：

```
#include<unistd.h>
pid_t fork(void);
```

返回值：子进程中为 0，父进程中为子进程 ID，出错为 -1。

由 fork 函数创建的新进程称为子进程（childprocess）。该函数被调用一次，在父进程和子进程中各返回一次。在子进程中的返回值是 0，在父进程中的返回值是新子进程的进程 ID。将子进程 ID 返回给父进程的理由是：一个进程的子进程可以多于一个，所以没有一个函数使一个进程可以获得其所有子进程的进程 ID。fork 使子进程得到返回值 0 的理由是：一个进程只会有一个父进程，所以子进程总是可以调用 getpid 函数以获得其父进程的进程 ID。

5.3.2 wait 和 waitpid 函数

wait 和 waitpid 函数为用户提供了一个使父进程获取子进程退出状态的方法。其格式如下：

```
#include<sys/types.h>
#include<sys/wait.h>
pid_t wait(int* statloc);
pid_t waitpid(pid_t pid,int* statloc,int options);
```

返回值：若成功则为进程 ID，若出错则为 -1。

调用 wait 或 waitpid 的进程可能出现以下几种状态：

1）如果存在其他子进程，并且这些子进程还在运行，则会出现阻塞状态；

2）如果一个子进程已终止，则表示正等待父进程存取其终止状态；

3）如果它没有任何子进程，则表示出错，立即返回。

这两个函数的区别在于：wait 函数使其调用者阻塞等待返回，而 waitpid 函数有一个选择项，可通过该选择项使调用者不阻塞。而且，waitpid 可以不等待第一个终止的子进程，而是等待 pid 指向的那个进程。

如果一个子进程已经终止，该子进程就是一个僵尸进程，则 wait 立即返回并取得该子进程的状态，否则 wait 使其调用者阻塞，直到一个子进程终止。如调用者阻塞，而且它有多个子进程，则在其中一个子进程终止时，wait 就立即返回。

这两个函数的参数 statloc 是一个整型指针，用来存放子进程的结束状态。如果不关心终止状态，则可将该参数指定为空指针。

上面已经提到，waitpid 函数中的参数 pid 用来指定要等待的进程，该参数的值与功能如表 5-1 所示。

表 5-1　参数 pid 值的功能对应表

参数 pid 的值	功　能
–1	等待任一子进程；这个功能 waitpid 与 wait 等效
>0	等待其进程 ID 与 pid 相等的子进程
0	等待其组 ID 等于调用进程的组 ID 的任一子进程
<–1	等待其组 ID 等于 pid 的绝对值的任一进程

waitpid 执行后，会返回终止子进程的进程 ID。对于 wait，其唯一出错的原因可能是调用的进程没有子进程（函数调用被一个信号中断的情况除外）。但是对于 waitpid，其出错原因除了调用进程没有子进程外，还可能因为 pid 指定的进程不存在。

通过 option 参数能进一步控制 waitpid 函数的操作。此参数为 0 或者是表 5-2 中常数的逐位或运算：

表 5-2　option 对应的参数说明

option 常数	说　明
WNOHANG	若由 pid 指定的子进程并不立即可用，则 waitpid 不阻塞，此时其返回值为 0
WUNTRACED	若某实现支持作业控制，则由 pid 指定的任一子进程状态已暂停，且其状态自暂停以来还未报告过，则返回其状态
WIFSTOPPED	确定返回值是否对应于一个暂停子进程

5.3.3　exec 函数

exec 是一组函数，它通常用来将进程的映像替换成新的程序文件。exec 并不创建新的进程，还是沿用原先进程的进程 ID 号。例如，调用 fork 函数创建子进程，子进程再调用 exec 执行新的程序。这时，新程序执行的进程 ID 不变，但是会完全替代原先的子进程，使用新的程序替换当前进程的正文、数据、堆和栈。

有如下六种不同的 exec 函数可供使用。

```
#include<unistd.h>
int execl(const char* pathname,const char* arg0,.../*(char*)0*/);
```

```
int execv(const char* pathname,const char* argv[]);
int execle(const char* pathname,const char* arg0,.../*(char*)0, const char* envp[]*/);
int execve(const char* pathname,const char* argv[],const char* envp[]);
int execlp(const char* filename,const char* arg0,.../*(char*)0*/);
int execvp(const char* filename,const char* argv[]);
```

返回值：若出错则为 -1，若成功则不返回。

这些函数的第一个区别是前四个函数取路径名作为参数，后两个函数取文件名作为参数。对于后两个函数，会在 PATH 环境变量指定的目录下寻找可执行文件。但是，如果 filename 也包含了文件路径，就会在路径下寻找指定的可执行文件来执行。

这些函数的第二个区别与参数表的传递有关（函数名中的 l 表示表（list），v 表示矢量（vector））。函数 execl、execlp 和 execle 要求将新程序的每个命令行参数都说明为一个单独的参数，这种参数表以空指针结尾。对于另外三个函数（execv，execvp，execve），则应先构造一个指向各参数的指针数组，然后将该数组地址作为这三个函数的参数。如果一个整型数的长度与 char* 的长度不同，则 exec 函数的实际参数将会出错。

最后一个区别与向新程序传递环境表相关。以 e 结尾的两个函数（execle 和 execve）可以传递一个指向环境字符串指针数组的指针。其他四个函数则使用调用进程中的 environ 变量为新程序复制现有的环境。一般情况下，一个进程允许将其环境传播给其子进程，但有时进程希望为子进程指定一个确定的环境。

5.4　进程创建及终止函数

5.4.1　CreateProcess 函数

CreateProcess 函数是 WIN32 API 函数，其原型如代码 5-2 所示。

代码　5-2

```
BOOL CreateProcess(
        LPCTSTR lpApplicationName,
        LPTSTR lpCommandLine,
        LPSECURITY_ATTRIBUTES  lpProcessAttributes,
        LPSECURITY_ATTRIBUTES  lpThreadAttributes,
        BOOL  bInheritHandles,
        DWORD  dwCreationFlags,
        LPVOID  lpEnvironment,
        LPCTSTR  lpCurrentDirectory,
        LPSTARTUPINFO  lpStartupInfo,
        LPPROCESS_INFORMATION  lpProcessInformation
  );
```

与 Linux 不同的是，Windows 下创建进程的函数 CreateProcess 会告诉系统程序要运行哪个进程，没有了 Linux 下先将父进程的数据复制再执行新程序的过程。此外，Windows 创建进程时允许用户规定更多参数。这里，我们简单介绍一些必要的参数，并与 Linux 下的函数作比较。如果读者对其他参数感兴趣的话，可以查阅相关的资料。

- lpApplicationName：指向用来指定可执行模块（文件）的字符串，该字符串需要以 NULL 结尾。
- lpCommandLine：指定要执行的命令行，必须以 NULL 结尾。

- ❑ lpEnvironment：指向一个新进程的环境块。如果此参数为空，则新进程使用调用进程的环境，必须以 NULL 结尾。
- ❑ lpCurrentDirectory：指向以 NULL 结尾的字符串，这个字符串用来指定子进程的工作路径。该路径必须是包含驱动器名的绝对路径。如果这个参数为空，新进程将使用与调用进程相同的驱动器和目录。

5.4.2　ExitProcess 函数

Windows 和 Linux 在程序退出时都可以用 C 语言标准库中的 exit 函数。此外，Windows 下还提供了 ExitProcess 函数用来结束一个进程和它的所有线程。其函数原型如下：

```
VOID ExitProcess(UINT uExitCode );
```

ExitProcess 与 exit 和 return 有一定的区别，在此将通过实例进行分析，见代码 5-3。

代码　5-3

```
#include <stdio.h>
#include <windows.h>
class Test
{
    int id;                              //为 Test 对象的编号
public:
    Test(int t_id)
    {
       id=t_id;
       printf ("construct test %d\n", id);
    };
    ~Test()
    {
       printf ("destruct test %d\n", id);
    };
};

Test t1(1);                              //创建全局 Test 对象 t1

int main(int argc, char* argv[])
{
    Test t2(2);                          //创建局部 Test 对象 t2
    Test t3(3);                          //创建局部 Test 对象 t3
    printf("main function !\n");
    return 0;                            //使用 return 语句中止进程
    exit (0);                            //使用 exit 语句中止进程
    ExitProcess (0);                     //使用 ExitProcess 语句中止进程
}
```

使用 return 语句、exit 语句和 ExitProcess 语句的运行结果如下：

使用return语句	使用exit语句	使用ExitProcess语句
construct test 1 construct test 2 construct test 3 main function ! destruct test 3 destruct test 2 destruct test 1	construct test 1 construct test 2 construct test 3 main function ! destruct test 1	construct test 1 construct test 2 construct test 3 main function !

由运行结果可以看到，return 函数可以正确析构全部对象，而 exit 只会析构 main 函数内的对象，而 ExitProcess 则不会析构任何对象。

本章小结

本章首先介绍了进程的基本知识，然后讲解 Linux 和 Windows 下进程的管理函数。本章介绍了进程控制的几个主要函数（包括 Linux 下的 fork、wait、waitpid 和 exec 函数），以及 Windows 下的 CreateProcess 和 ExitProcess 函数等。了解如何使用进程管理函数是本章的重点，读者应该着重掌握进程的创建、终止以及父子进程的同步等操作。

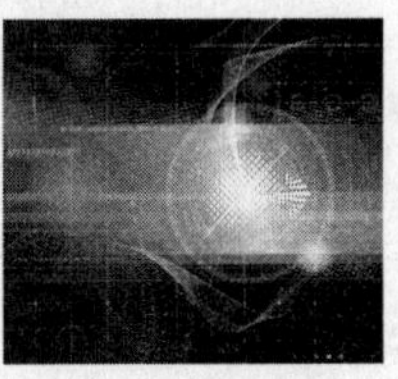

第 6 章 C 程序调试技术

本章主要讲解在不同平台下的调试技术，涉及 Windows 下基于 VC 6.0 和 VS 2005 的调试、Linux 下的命令行调试以及 Linux 下的可视化界面调试。

6.1 Windows 下基于 VC 6.0 和 VS 2005 的调试

在 VS 2005 下调试程序的步骤如下：

1）新建项目。打开菜单栏，执行“文件”→“新建”→“项目”命令，在弹出窗口的左侧“项目类型”区域选择 Visual C++，在右侧的“模板列表框”中选择“ Win32 控制台应用程序”，在下面的“名称”文本框中输入名称，在“位置”文本框中给出目录。注意这里不能选择空项目，否则没有调试信息，只能运行而不能调试，如图 6-1 所示。

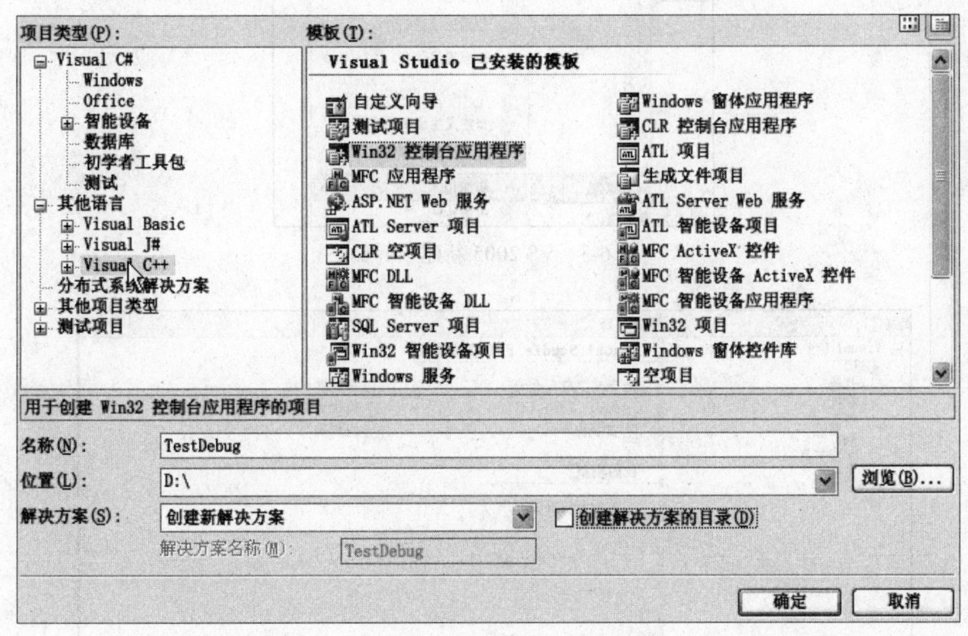

图 6-1　VS 2005 新建项目界面

2）单击“确定”按钮，进入图 6-2 所示界面，在附加选项处勾选“空项目”复选按钮，单击“完成”按钮。

3）在项目名称处单击鼠标右键，如图 6-3 所示，选择“添加”→“新建项”命令。

4）弹出如图 6-4 所示对话框，在左侧的“类别”区域选择“代码”，在右侧的“模板”区域选“C++ 文件（.cpp)”，在“名称”文本框输入名称，若是 C 项目，请在名称中加入文件后缀 .c，单击“添加”按钮。

应用程序类型:
Windows 应用程序(W)
控制台应用程序(O)
DLL(D)
静态库(S)
添加公共头文件以用于:
ATL(A)
MFC(M)
附加选项:
空项目(E)
导出符号(X)
预编译头(P)
< 上一步　下一步 >　完成　取消

图 6-2　VS 2005 新建项目补充选项选择界面

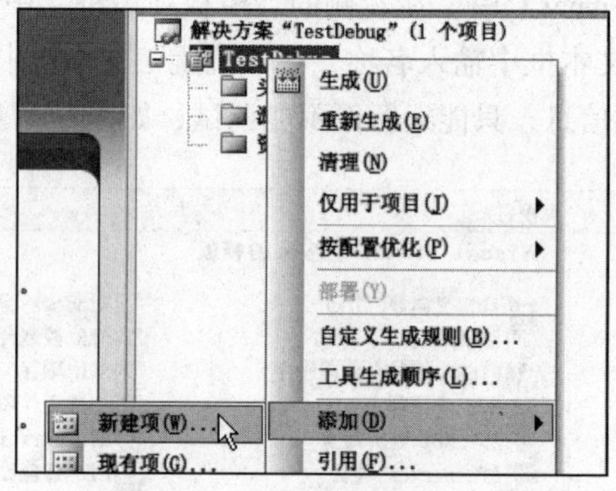

图 6-3　VS 2005 新建项界面

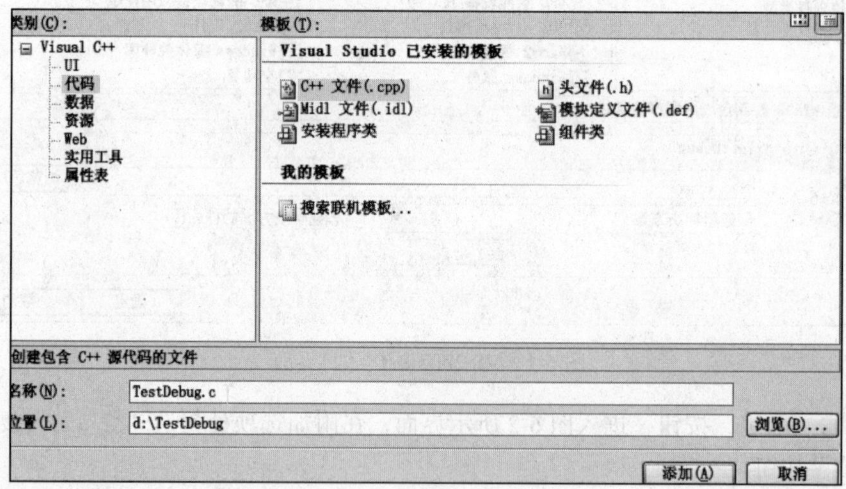

图 6-4　VS2005 新建文件选择界面

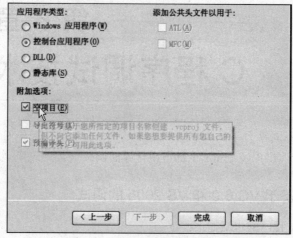

在新建的 TestDebug.c 中写入代码 6-1，该程序重写了 strcpy 的一个版本，见代码 6-1，将传入的字符串复制到新空间并返回。

代码　6-1

```
// strcpy 功能实现
#include <stdio.h>
#include <string.h>
#include <stdlib.h>

char *MyStrCpy(const char *src)
{
  char *des;
  int i = 0;
  while (*(src + i) != '\0') {
        *(des + i) = *(src + i);
        ++i;
    }
return des;
}
int main() {
    char *str = "Hello World";
    char *strCp;
    strCp = MyStrCpy(str);
    puts(strCp);
    return 0;
}
```

运行程序。输入完成后，按组合键 Ctrl+F5（或在菜单栏选择“调试”→“开始执行（不调试）”命令）运行，运行时编译器报错，如图 6-5 所示。

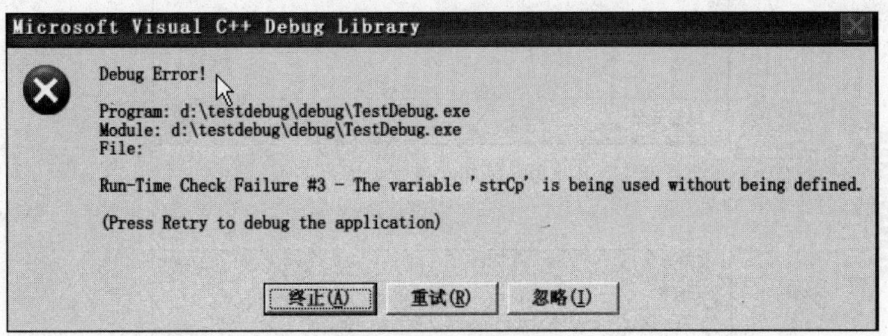

图 6-5　编译出错

5）下面通过调试找到错误，在调试之前，需检查项目为 Debug 版本，如图 6-6 所示。

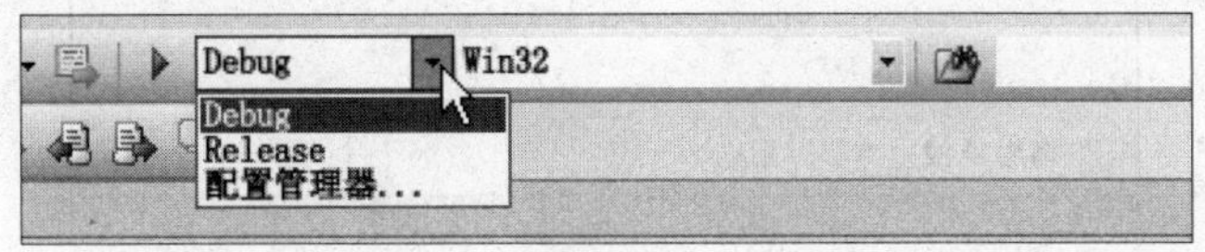

图 6-6　检查项目版本界面

6）按 F9 键（或单击代码左侧细栏）可设置断点，这里选择在子函数入口处设置断点，如图 6-7 所示。

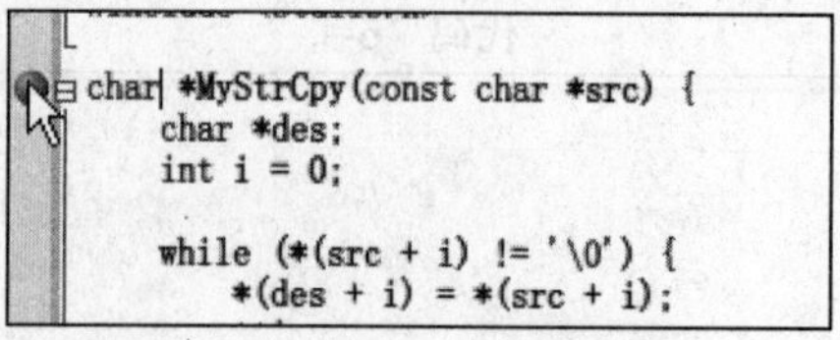

```
char *MyStrCpy(const char *src) {
    char *des;
    int i = 0;

    while (*(src + i) != '\0') {
        *(des + i) = *(src + i);
```

图 6-7　子函数入口设置断点界面

7）按 F5 键（或执行菜单栏“调试”→“启动调试”命令）开始调试程序，程序会中断在断点处（有个箭头），如图 6-8 所示。

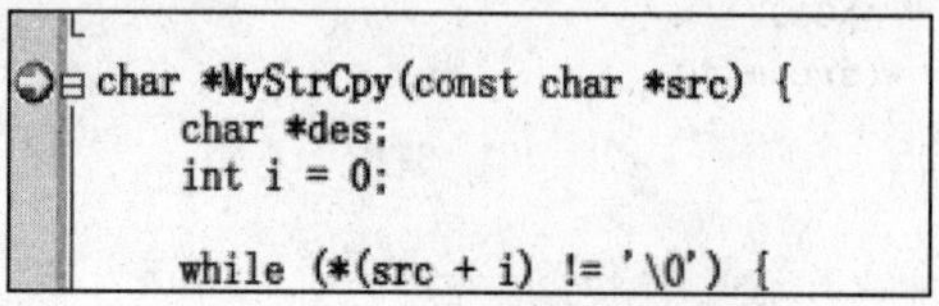

```
char *MyStrCpy(const char *src) {
    char *des;
    int i = 0;

    while (*(src + i) != '\0') {
```

图 6-8　断点调试界面

8）可以通过界面下方的“局部变量”、“调用堆栈”等选项卡来查看相关信息，如图 6-9 和图 6-10 所示。

图 6-9　局部变量监视器界面

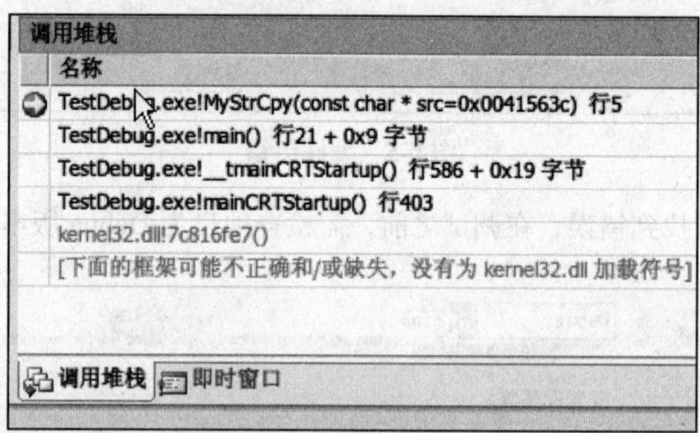

图 6-10　调用堆栈监视器界面

9）按 F10 键单步执行程序（注意：通过 F10 键单步调试程序不会进入函数内部，而通过按 F11 键调试则会跟踪到函数内部），如图 6-11 所示。

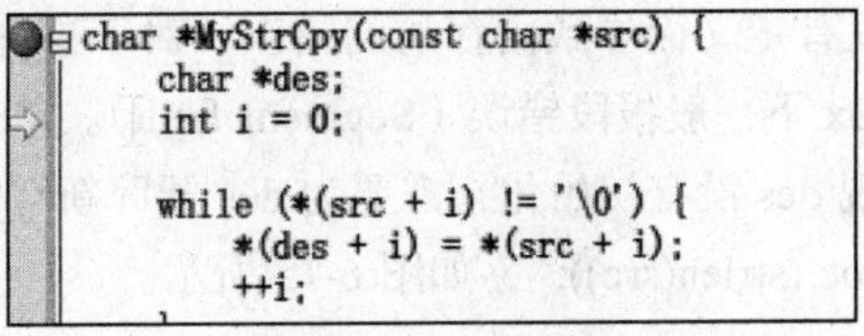

```
char *MyStrCpy(const char *src) {
    char *des;
    int i = 0;

    while (*(src + i) != '\0') {
        *(des + i) = *(src + i);
        ++i;
```

图 6-11　单步调试

10）这时可以在“监视”选项卡填入需要监视的变量名，如图 6-12 所示。

图 6-12　监视器 1 界面

这里依次填入了 des 和 src 字符串，以及局部变量 i。

11）按 F10 键执行下一条语句，可以看到“监视”选项卡中的 i 变成了 0，并以红色标出，这表示该变量值被改变了，如图 6-13 所示。

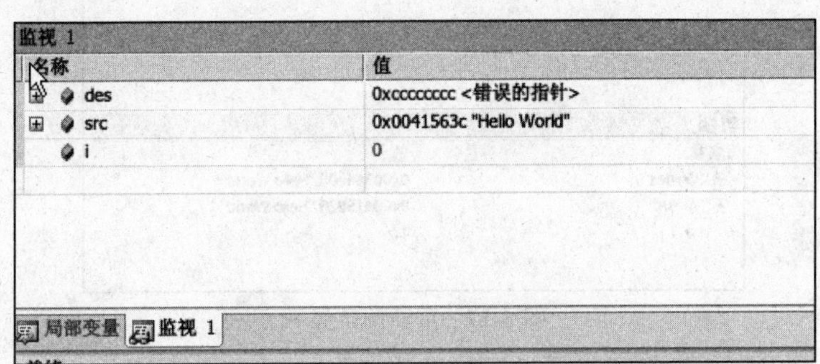

图 6-13　监视器 1 变量变化界面

12）继续单步执行（按 F10 键两次），编译器报错，如图 6-14 所示。

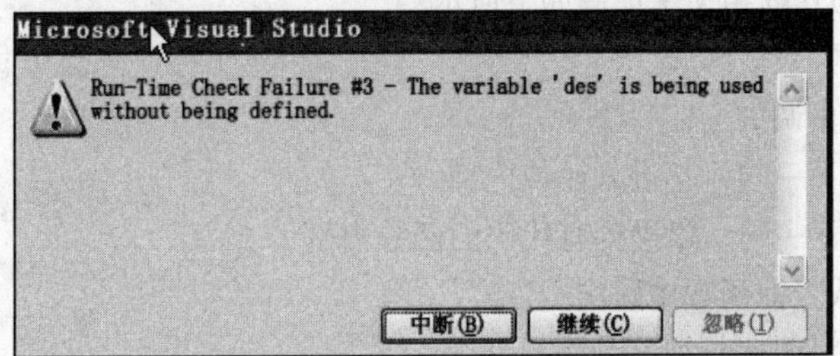

图 6-14　编译器报 Run-Time 错界面

13）出错原因是 des 没有定义而导致内存访问错误。对于这种情况，在 Windows 下一般报 Run-Time 错误，在 Linux 下一般报段错误（Segment fault）。单击中断，按组合键 Shift+F5 停止调试，检查代码，发现 des 没有初始化，需要为 des 开辟新空间，在 while 循环前添加一条语句 “des = (char*) malloc (strlen(src));”，如图 6-15 所示。

```
int i = 0;

des = (char*) malloc (sizeof(src));
while (*(src + i) != '\0') {
    *(des + i) = *(src + i);
    ++i;
```

图 6-15　des 初始化界面

14）添加好后，按组合键 Ctrl+F5 运行，发现结果仍然不正确，如图 6-16 所示。

图 6-16　结果运行错误

15）重新调试，查看运行时的变量。按 F5 键开始调试，设置断点，监视的变量仍为 des、src 和 i，按 F10 键执行下一句，直至运行到 i 变为 11，如图 6-17 所示。

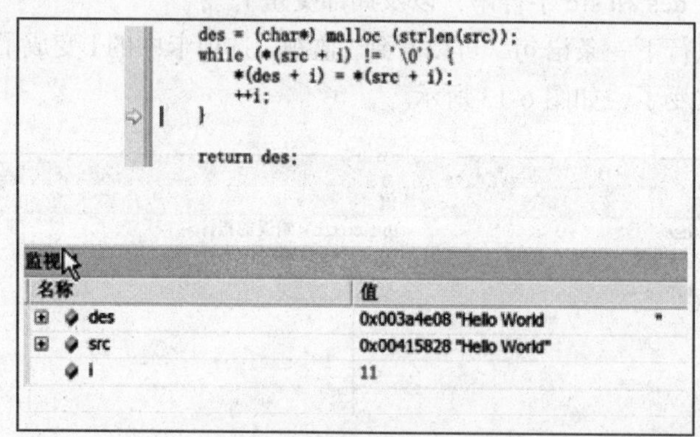

图 6-17　重新调试界面

此时在“监视”界面中可以看到 des 已经将 Hello World 复制好，但是在 des 的值中，Hello World 到下引号之间会有一些空白（有时也可能是一些不可预见的字符），这是因为没有在 des 的末尾添加 '\0'。只需要在 while 语句后面添加语句 *(des+i)='\0' 即可。

VS 2005 和 VC 6.0 的相关快捷键如下所示：

- F5：开始调试
- Shift+F5：停止调试
- F10：调试到下一句，不进入函数内部
- F11：调试到下一句，跟进到有代码的函数内部
- Shift+F11：从当前函数中跳出
- Ctrl+F10：调试到光标所在位置
- F9：设置（取消）断点
- Alt+F9：高级断点设置

6.2 GDB 简介及 Linux 下的命令行调试

GDB 是 Linux 下常用的调试工具，本节将介绍 GDB 的使用。

通过代码 6-2 示范 GDB 的使用方法。

代码 6-2

```
// GDB 使用范例
// 源程序: test_gdb.c
#include <stdio.h>
int calc_sum(int arr[], int num) {
    int i;
    int sum;
    for (i = 0; i < num; ++i) {
        sum = sum + arr[i];
    }
    return sum;
}
int main() {
    int arr[10] = {1, 5, 7, 2, 4, 3, 4, 0, 10, 9};
    int sum = calc_sum(arr, 10);
    printf("%d\n", sum);
    return 0;
}
```

该程序的功能是求一个含有 10 个元素的数组的和并打印结果。

将上面的代码保存为 test_gdb.c 文件，编译完成后运行：

```
[root@localhost gdb]# ./test_gdb
1073790189
```

结果错误，下面开始调试程序。

执行命令：gcc –g test_gdb.c –o test_gdb，注意，这里必须加入 –g 参数才能使用 GDB 调试。

编译完成即可输入 gdb test_gdb 进入调试：

```
[root@localhost gdb]# gdb test_gdb
GNU gdb Red Hat Linux (5.3post-0.20021129.18rh)
Copyright 2003 Free Software Foundation, Inc.
GDB is free software, covered by the GNU General Public License, and you are
welcome to change it and/or distribute copies of it under certain conditions.
Type "show copying" to see the conditions.
There is absolutely no warranty for GDB.  Type "show warranty" for details.
This GDB was configured as "i386-redhat-linux-gnu"...
```

(gdb) list←输入 list，则会从上次结束位置打印 10 行源码

```
1       #include <stdio.h>
2
3       int calc_sum(int arr[], int num) {
4               int i;
5               int sum;
6
7                   for (i = 0; i < num; ++i) {
8                           sum = sum + arr[i];
9               }
10
```

(gdb) ←直接输入回车表示重复上一次命令（即为 list），从第 11 行开始打印 10 行代码

```
11              return sum;
```

```
12      }
13
14      int main() {
15              int arr[10] = {1, 5, 7, 2, 4, 3, 4, 0, 10, 9};
16
17              int sum = calc_sum(arr, 10);
18
19              printf("%d\n", sum);
20
```

(gdb) ←再次输入回车

```
21              return 0;
22      }
23
```

(gdb) break 17 ←输入 break <num> 设置断点，这里在 17 行设了一个断点

```
Breakpoint 1 at 0x8048384: file test_gdb.c, line 17.
```

(gdb) break calc_sum ←输入在 calc_sum 函数入口设置断点

```
Breakpoint 2 at 0x804832e: file test_gdb.c, line 7.
```

(gdb) info break ←输入 info 命令用来查看信息

```
Num Type           Disp Enb Address    What
1   breakpoint     keep y   0x08048384 in main at test_gdb.c:17
2   breakpoint     keep y   0x0804832e in calc_sum at test_gdb.c:7
```

(gdb) run ←输入 run 运行程序，程序会中断在所设的断点处

```
Starting program: /root/gdb/test_gdb
Breakpoint 1, main () at test_gdb.c:17
17          int sum = calc_sum(arr, 10);
```

(gdb) step ←输入 step 运行下一条语句，若有函数则进入函数体

```
Breakpoint 2, calc_sum (arr=0xbfffe8f0, num=10) at test_gdb.c:7
7               for (i = 0; i < num; ++i) {
```

(gdb) next ←输入 next 运行下一条语句，但在有函数调用时不会进入函数体

```
8                   sum = sum + arr[i];
```

(gdb) info locals ←输入 info locals 查看局部变量

```
i = 0
sum = 1073790144
```

(gdb) print sum ←输入 print〈变量名〉可打印该变量值

```
$1 = 1073790144
```

(gdb) watch sum ←输入 watch〈变量名〉可监视变量

```
Hardware watchpoint 3: sum
```

(gdb) next ←输入 next 执行下一步语句

```
Hardware watchpoint 3: sum
```

Old value = 1073790144 ←被监视的变量当它的值被改变时 gdb 会输出新旧值

```
New value = 1073790145
calc_sum (arr=0xbfffe8f0, num=10) at test_gdb.c:7
```

```
7              for (i = 0; i < num; ++i) {
```

程序运行到这里，应该已经可以发现问题了，sum 是用来保存 arr 之和的，其值应是 arr 前几项之和，得到 1073790145 肯定是不正确的。

输入 quit，再输入 y，确认退出 gdb，进入 vi 检查代码，发现 sum 未初始化，应在 for 循环之前将 sum 初始化为零。修改如下：

```
int calc_sum(int arr[], int num) {
    int i;
    int sum;

    sum=0;  //将 sum 初始化为 0
    for (i = 0; i < num; ++i) {
        sum = sum + arr[i];
    }

    return sum;
}
```

保存编译“cc–g test_gdb.c–o test_gdb”，再次运行，结果正确：

```
[root@localhost gdb]# ./test_gdb
45
```

下面介绍 GDB 的几个常用命令（完整的说明请查阅官方文档）。注意，若命令的前缀没有二义性，则均可以用缩写的形式，如 l 表示 list，r 表示 run，lo 表示 locals 等。

- help：获得帮助，使用 help list 可获得 list 的详细帮助。
- file <filename>：进入 gdb 若没有载入程序，可用这个命令载入。
- shell <command>：shell 后加命令，可以在不离开 gdb 的环境下执行命令，如 shell ls。
- list：打印 10 行代码，list n,m 表示打印从 n 行到 m 行的代码。
- break：设定中断点，可以是行号、函数名等。
- clear：清除所有中断点，加数字则删除该行断点。
- delete <num>：删除第 num 号断点。
- run：运行程序开始调试。
- next：单步运行，不进入函数体。
- step：单步运行，会进入函数体。
- print <variable>：输出变量当前值。
- watch<variable>：监视变量，当变量值改变时输出。
- info：查看信息，info break 查看断点信息，info program 查看程序信息等。
- kill：终止正在调试的程序。
- quit：退出 GDB。

6.3　Linux 下可视化界面调试范例

Linux 下可视化界面的调试步骤如下。

1）Code::Blocks 的初始界面如图 6-18 所示。

2）关闭始界面中的两个小窗口，选择菜单栏 File → New → Project 命令新建一个工程，如图 6-19 所示。

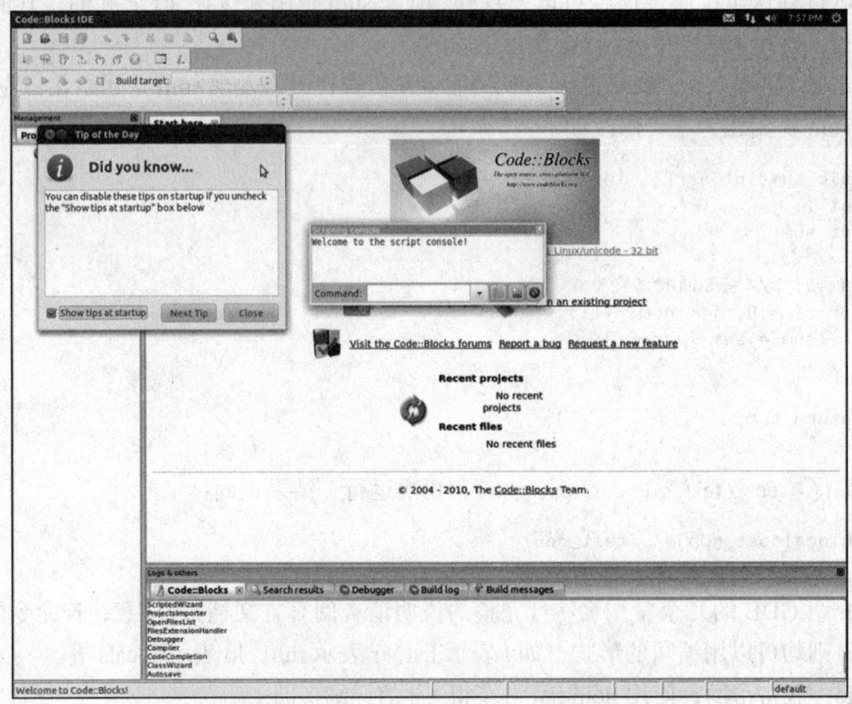

图 6-18　Linux 的 Code::Blocks 初始界面

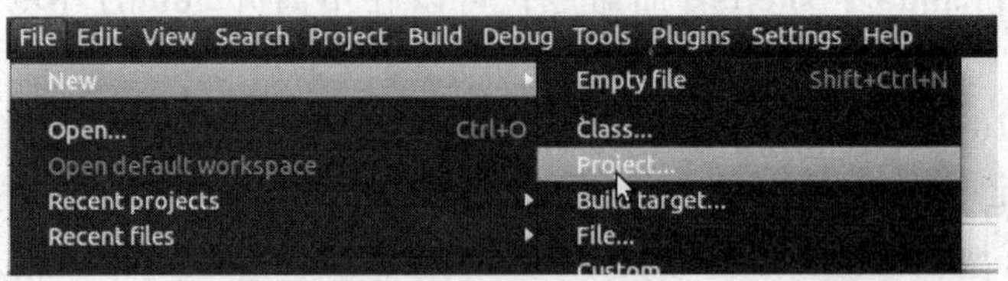

图 6-19　新建工程界面

3）在弹出的窗口中选择 Console application 图标，如图 6-20 所示。

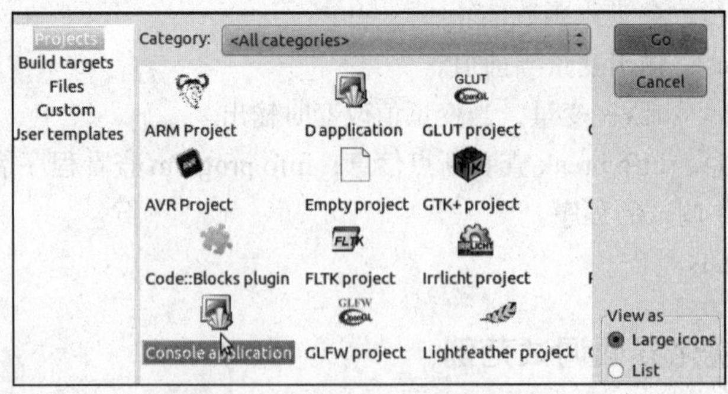

图 6-20　选择控制台应用程序界面

4）单击 Go 按钮进入项目类型选项界面，选择 C 或 C++，单击 Next 按钮，键入项目名称后保存目录，单击 Next 按钮，如图 6-21 所示。

Project title:
debug
Folder to create project in:
/home/ubuntu/Documents
Project filename:
debug.cbp
Resulting filename:
/home/ubuntu/Documents/debug/debug.cbp
< Back　Next >　取消(C)

图 6-21　项目类型选项界面

5）建立项目后，Code::Blocks 即载入了一个模板程序，如图 6-22 所示。

图 6-22　模板程序界面

将代码 6-3 复制到 main.c，这段代码的功能是将所有小写字母转换为大写，将大写字母转化为小写，其他字符不变，然后输出。

代码　6-3

```
#include <stdio.h>
#include <stdlib.h>
#include <string.h>
int main()
{
    char *str = "Using Code::Blocks To Debug, Hello GDB";
    int i;
    for (i = 0; i < strlen(str); ++i) {
        if (str[i] <= 'Z' && str[i] >= 'A') {
            putchar(str[i] - ('A' - 'a'));
        }
        else if (str[i] <= 'z' && str[i] >= 'a') {
            putchar(str[i] - ('a' - 'A'));
        }
        else {
            putchar(str[i]);
        }
    }
    printf("\n");
    return 0;
}
```

在 CB 中，按 F9 键是运行程序，按 F5 键是设置断点，与 VS 的快捷键不同，请注意区分，如图 6-23 所示。

```
int i;
for (i = 0; i < strlen(str); ++i) {
    if (str[i] <= 'Z' && str[i] >= 'A') {
        putchar(str[i] - ('A' - 'a'));
    }
    else if (str[i] <='z' && str[i] >= 'a') {
        putchar(str[i] - ('a' - 'A'));
    }
    else {
```

图 6-23　设置断点界面

6）在 for 循环中设置一个断点，按 F8 键开始调试，调试界面如图 6-24 所示。

```
int i;
for (i = 0; i < strlen(str); ++i) {
    if (str[i] <= 'Z' && str[i] >= 'A') {
        putchar(str[i] - ('A' - 'a'));
    }
    else if (str[i] <='z' && str[i] >= 'a') {
        putchar(str[i] - ('a' - 'A'));
    }
    else {
        putchar(str[i]);
    }
}
printf("\n");
```

```
Watches
▼ Local variables
    str = 0x80485b0 "Using Code::Blocks To
    i = 134513897
▼ Function Arguments
    No arguments.
  i = 134513897
  str = 0x80485b0 "Using Code::Blocks To De
  str[i] = Cannot access memory at address
```

图 6-24　调试界面

CB 中的 Watches（监视窗口）默认不显示，如需显示 Watches，可在菜单栏执行 Debug → Debug Windows → Watches 命令手动打开。添加变量监视可以在 Watches 窗口右击，选择 Add Watches。

CB 中 F7 键是执行单步步过，而组合键 Shift+F7 才是执行单步步入，停止调试则执行菜单栏 Debug → Stop Debugger 命令。其他调试步骤和 VS 基本相同，读者可自行学习。

以下是 CB 常用的调试快捷键：

- ❑ F5：设置断点
- ❑ F9：运行（不调试）
- ❑ F8：启动调试
- ❑ F7：单步步过
- ❑ Shift + F7：单步步入

本章小结

程序调试是开发者必备的一项基本技能，本章主要介绍了不同平台下 C 语言的常用调试工具的使用方法。包括 VS 2005、GDB 以及 Linux 下的可视化调试工具。总结这三种调试工具可以发现，程序调试的主要工作是设置断点以及观察监控。通过本章的讲解以及范例程序，读者不仅要熟练掌握程序调试工具的使用方法，也要思考如何找到合适的位置来设置断点。

第二部分

核心实验

本书第二部分包括8个核心实验，涵盖了理解操作系统原理的关键内容，结合理论课程，通过编程实践可帮助读者更好地理解操作系统原理中的思想精髓。

第二部分从第7章开始，共有8章。

第7章是Linux编程基础实验：本章实验内容建立在第1章环境搭建的基础上，主要介绍Linux开发环境以及Linux下的一些开发基础知识，并通过具体的实验，使读者熟悉开发环境，了解相关工具的使用。

第8章是作业调度实验：本章实验简要介绍了作业调度的基本算法，并以此为基本思路要求读者编写程序，模拟作业调度的策略，以达到巩固作业调度算法思想的目的。

第9章系统调度及进程控制实验：本实验主要讲解进程控制部分的系统调用，并在Linux环境下使用系统调用进行编程，使读者在理解系统调用原理的同时掌握进程控制的相关操作。

第10章同步与互斥实验：该章以在多进程并发的环境下，进程之间制约和协作调度策略为研究内容，让读者按照要求编写程序，实现同步与互斥机制，使读者加强对同步和互斥的理解并掌握如何在实际操作中进行实现。

第11章是银行家算法实验：本实验主要在VS环境下编写程序，模拟计算机资源的调度，并实现银行家算法，以帮助学生更好地理解死锁避免策略。

第12章是内存管理实验：本章介绍内存管理相关技术，并让读者按要求编写程序并调试，了解内存的查看和管理方法。

第13章是磁盘调度实验：本实验介绍磁盘管理相关知识及磁盘的调度算法。在实验中，读者将阅读并编写模拟程序实现不同磁盘调度算法，并分析比较算法之间的差异。

第14章是文件系统实验：本实验讲解文件系统原理以及文件的组织方式。读者将在此实验中编写程序模拟文件系统的实现，以加强对文件系统的理解。

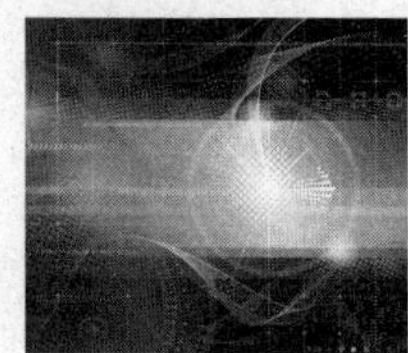

第 7 章 Linux 编程基础实验

Linux 是目前流行的操作系统之一，它的开源特性吸引了众多学者和开发人员，通过 Linux 来进行操作系统实践是一个很好的选择。本章内容建立在第 1 章环境搭建的基础上，主要介绍 Linux 开发环境以及 Linux 下的一些开发基础，使读者初步了解 Linux，并为以后的相关实验奠定基础。

7.1 实验目的

通过本章的实验，读者应达到如下要求：

1）了解 Linux 编程环境和编程工具。

2）掌握基本的 Linux 系统命令及执行过程。

3）了解 shell 的作用及主要分类。

4）掌握 shell 脚本程序运行原理及基础语法，学会编写简单的 shell 脚本程序。

7.2 实验准备

1）参考第 1 章内容成功安装虚拟机及 Ubuntu 操作系统。

2）熟悉 Linux 下文本编辑工具。

3）初步了解 GCC 和 GDB 的概念。

7.3 实验基本知识及原理

1. shell

shell 是 Linux 系统中重要的一层，是包裹在 Linux 内核上的“壳程序”，是用户和 Linux 内核之间的接口程序，用户在 shell 提示符（$ 或 #）下输入的每一个命令都由 shell 先解释，然后传给内核执行（# 表示该系统的 root 用户）。常见的 shell 有两类：一类是 bourne shell，如 sh、ksh、bash（bourne again shell）等；另一类是 C shell，如 csh、tcsh 等。本书中使用的是 bash。

在 Ubuntu 下，可以通过组合键 Ctrl+Alt+T 来启动 bash，然后直接通过命令来执行相应的操作。

2. Linux 常用命令

man：该命令提供一个在线帮助文档，用于查找 Linux 命令的使用方法，例如查看 ls 命令的使用方法时，可以在 bash 下输入 man ls，同样，查看 man 命令更详细的使用方法可以通过输入 man man 来进行操作。

ls：列举当前文件目录下的所有内容，可以通过参数设置来选择要显示的内容。

grep：该命令提供一个搜索功能，打印包含参数中指定正则表达式字符串的一整行内容。

cat：该命令将文件连接起来并用标准输出方式进行打印。

more：该命令提供了翻页的文件查看方式，如果一个文件很大，使用 cat 来查看很不方便，而 more 命令则弥补了这方面的缺陷。

cd：切入特定的目录，在 Linux 下，当前目录可以用 "." 来表示，上一目录可以用 ".." 来表示。

cp：拷贝文件，该命令在拷贝目录的时候，需要添加参数 -r，表示递归地对目录下的内容进行操作。

mv：移动目录或者文件。

rm：删除文件，如需删除目录，同样需要通过添加参数 -r 来完成。

which：用来查询一个命令的位置。

sudo：通过在命令前使用 sudo，可以使普通用户获得 root 的权限，从而执行一些普通用户无权限执行的操作。

以上命令的具体使用方法以及参数的作用均可通过 man 命令进行查询。

3. 管道

Linux 下可以使用管道将不同命令的输入和输出连接起来，管道即为 "|"，出现在其左边的命令执行的输出将作为其右边命令的输入。

4. Linux 命令的执行过程

以 ls 为例，在 shell 命令行输入 ls 命令，键盘驱动程序识别出输入的内容，将它们传递给 shell，由外壳程序来负责查找同名的可执行程序（ls），如果在 /bin/ls 目录中找到了 ls，则调用核心服务将 ls 的可执行映像读入虚拟内存并开始执行。ls 调用核心的文件子系统来寻找哪些文件是可用的。文件系统使用缓冲过的文件系统信息，或者调用磁盘设备驱动从磁盘上读取信息。ls 命令还可能引起网络驱动程序和远程机器交换信息锁定系统要访问的远程文件系统信息（文件系统可以通过网络文件系统或者 NFS 进行远程安装）。当得到这些信息后，ls 命令通过调用视频驱动将这些信息写到显示器屏幕上。

5. Linux 下文件的编辑工具

在此主要介绍以下两种 Linux 文件的编辑工具：

vim：文本编辑器的一种，它在 vi 的基础上增加了许多新的特性。vim 同 Emacs 都是 Linux 文本编辑的常用工具软件，与 Windows 下文本编辑器（如 notepad）相比，vim 下整个文本编辑都是由键盘命令完成而非鼠标完成，这就实现了在没有图形化界面的情况下对文件内容的编辑操作。

gedit：在很多 Linux 图形界面下都嵌有一个图形化的文档编辑工具，可通过 gedit 来使用这个工具，gedit 工具与 Windows 下的文档编辑器使用方法很类似。

6. GCC 与 GDB

GCC（GNU Compiler Collection）是 GNU 编译器集合，是一套由 GNU 开发的编程语言编译器。它是一套以 GPL 及 LGPL 许可证所发行的自由软件，是 GNU 计划的关键部分，也是类 UNIX 以及苹果电脑 Mac OS X 操作系统的标准编译器。能处理的语言有：C、C++、Fortran、Pascal、Java 等。

假设有一个写好的 main.c 文件，可以通过命令

```
gcc main.c
```

来对其进行编译链接等工作，默认生成名为 a.out 的可执行文件，使用 ./a.out 来执行 a.out 文件。

如果想指定输出的可执行文件的文件名，可通过 -o 参数来设定输出文件的文件名：

```
gcc main.c -o test
```

则会生成 test 的则执行文件。

GDB（GNU debugger）是 GNU 开源组织发布的 UNIX 下的程序调试工具。GDB 是一个强大的命令行调试工具，相比 Windows 下的 VC、VS 的界面调试，GDB 的优势在于命令行可以形成执行序列，形成脚本。GDB 的使用方法请参考第 6 章。

7.4　实验说明

1）本次实验是操作系统课程设计的入门实验，整体难度适中。

2）本实验中的代码若无特殊说明均为 GCC 编译器编译。

3）关于 GDB 调试和 Linux 下图形界面编程调试请参考第一部分第 6 章。

7.5　实验内容

实验一　Linux 命令实验

在 Ubuntu 下启动 shell（按组合键 Ctrl+Alt+T），使用 man 命令查看上述每个命令的具体使用方法以及参数的作用。操作上面提到的命令，体会其作用，并按照实验报告要求完成实验报告中相应内容。

重点学习的命令有：man、ls –al、cat、more、grep、which、who、rm、mv

实验二　文本编辑工具、GCC 以及 GDB 的使用

1）使用 vim 编辑 C 源文件。

vim 是 vi 的加强版本，它共有三种模式：命令模式、插入模式、底行模式。通常将底行模式算入命令模式中。

- 在 shell 终端中输入“vim 文件名”，若存在该文件名的文件，则会打开该文件，若无该文件，则会以该文件名创建一个文件。这时，进入的 vim 模式为命令行模式。
- 按下 I 键可以进入插入模式，这时可以对文件进行插入操作。
- 源文件写完以后，按下 Esc 键，返回到命令模式，使用“:wq”命令进行保存（若不保存直接退出可在命令模式下使用“:q!”执行）。

请读者查找相关文档了解 vim 编辑器的更多使用方法。在桌面系统下，也可以直接使用“gedit 文件名”的方式来对文件进行创建和编辑。

2）使用 GCC 编译。

使用 GCC 对其进行编译，GCC 是默认没有使用 C99 特性的，可以根据提示添加参数“-std=c99”。

3）使用 GDB 调试。

使用 GDB 对程序进行调试，GDB 的使用请参考第一部分第 6 章的内容。

4）完成实验报告相应内容。

实验三 shell 脚本程序设计（小组实验）

1. 变量

shell 变量包括环境变量和临时变量。其中 shell 脚本中的临时变量又分为用户定义的变量和位置参数两类。

用户定义的变量是最普遍的 shell 变量，变量名是以字母或下划线开头的字母、数字和下划线序列，并且大小写字母意义不同，变量名的长度不受限制。定义变量并赋值的一般形式是：变量名 = 字符串，如 MYFILE=/root/m1.c。

在程序中使用变量的值时，要在变量名前面加上一个符号“$”。这个符号告诉 shell 要读取该变量的值。作为交互式输入手段，可以利用 read 命令由标准输入（即键盘）上读取数据，然后赋给指定的变量，其一般格式是 read 变量 1 [变量 2...]。利用 read 命令交互式地为变量赋值输入数据时，数据间以空格或制表符作为分隔符，但是要注意以下情况：

1）若变量个数与给定数据个数相同，则依次给每个变量赋值。

2）若变量数少于数据个数，除最后一个变量外，每个变量依次赋值，剩下的数据全部赋予最后一个变量。

3）若变量个数多于给定数据个数，后面的变量没有输入数据与之对应时，后面的变量赋空值。

执行 shell 脚本时可以使用参数。将出现在命令行上位置确定的参数称作位置参数。在 sh 中总共有 10 个位置参数，其对应的名称依次是 $0, $1, $2,…, $9。其中 $0 始终表示命令名或 shell 脚本名，对于一个命令行，必然有命令名，也就必定有 $0，而其他位置参数依据实际需求，可有可无。

2. 测试语句

测试语句有两种常用形式，一种是用 test 命令，另一种是用一对方括号将测试条件括起来。两种形式完全等价。例如，测试位置参数 $1 是否是已存在的普通文件，可写成：test -f " $1"，也可写成：[-f $l]。

在格式上应注意，如果在 test 语句中使用 shell 变量，为表示完整、避免造成歧义，最好用双引号将变量括起。利用一对方括号表示条件测试时，在左方括号“[”之后、右方括号“]”之前应各有一个空格。

（1）if 语句

```
if [condition]; then
…  #if 条件成立时
  elif [ condition ]
…  #elif 条件成立时
else
…  #上面情况都不满足时
fi
```

注意 if 之后需有一个 then，还需有一个 fi 表示 if 段结束，中括号两边都需加空格以分隔判断语句。

（2）循环语句

❑ for 循环，条件中的每种情况都执行一次。

```
for [var] in [con1,con2,con3]; do
…
done
```

❑ while 循环，当条件满足时一直执行下去。

```
while [condition]; do
…
done
```

❑ until 循环，与 while 相反，当条件满足时停止，否则一直执行。

```
until [condition]; do
…
done
```

3. shell 的函数功能

定义格式如下：

```
functionname()
{
command
...
command; # 分号
}
```

定义函数之后，可以在 shell 中对此函数进行调用。

更多 shell 脚本语法请查阅相关文档，由小组合作共同完成小组实验任务。

7.6　实验总结

1. 实验难点

本实验整体较为简单，如果读者之前没有接触过 Linux 操作系统，在使用命令行进行各项操作的时候，可能会有些不适应。另外，Linux 的架构与 Windows 也存在一定的区别。建议读者在课下多了解一些 Linux 架构和开发方面的知识，多多进行相关练习，即可快速上手。

2. 实验重点

熟悉 Linux 的操作环境，了解 shell 脚本基本语法，通过执行脚本文件和 C 语言程序进行对比，体会解释执行和编译执行的区别。

7.7　实验报告及小组任务

1）实验报告见附录 A.1。

2）小组任务：编写 Linux bash 脚本文件实现查看目录 home 中包含的文件数量和子目录数量，并以以下格式输出到文件 file.ini 中。

格式：

```
[ 文件夹 ]
文件夹下文件（夹）1
文件夹下文件（夹）2
……
```

```
[ 文件夹 2]
文件夹下文件（夹）1
文件夹下文件（夹）2
……
[Directories Count]
10
[ File Count ]
4
```

7.8 参考代码

代码 7-1

```
#!/bin/bash
dircnt=0 # 目录总个数
filecnt=0 # 文件中个数
tree() { # 列出 $* 的文件和目录并统计
    echo '[' $(basename "$*") ']' >> file.ini # 输出父目录
    for filename in "$*"/*; do  # 对于 $* 目录下的每个文件
        if test -d "$filename"; then # 如果是目录
            echo "$(basename "$filename")" >> file.ini
            dircnt=$( expr $dircnt + 1 )
        else
            if test -e "$filename"; then # 如果是文件（非空）
                echo "$(basename "$filename")" >> file.ini
                filecnt=$( expr $filecnt + 1 )
            fi
        fi
    done
    echo >> file.ini
    for filename in "$*"/*; do # 对于 $* 目录下的每个文件夹进行递归
        if (test -d "$filename") && (! test -L "$filename"); then
            tree "$filename"
        fi
    done
}

rm -f file.ini # 先删除目标文件再保存

if [ "$1" ]; then # 从参数传入路径
    if test -e "$1"; then
        echo "Running..."
        tree "$1"
    else
        echo "No such diretory" "$1"
        exit 1
    fi
else
    echo "Running..."
    tree "$(pwd)" # 没有参数，以当前目录为目标
fi
echo '[ Directories Count ]' >> file.ini # 输出目录个数
echo "$dircnt" >> file.ini
echo >> file.ini
echo '[ Files Count ]' >> file.ini # 输出文件个数
echo "$filecnt" >> file.ini
echo "Success! The Result has been saved in file.ini"
```

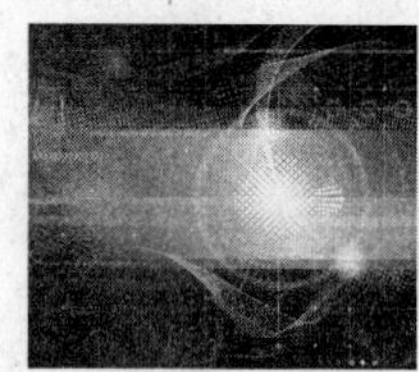

第 8 章 作业调度实验

在实际工作中，系统中可能同时有多个处于就绪状态的作业，为了使系统能够正常地运行并且提高处理效率，必须采取合适的调度策略。本章实验将简要介绍作业调度的基本算法，并以此为基本思路引导读者编写程序，模拟作业调度的策略，以达到巩固作业调度算法的目的。

8.1 实验目的

通过本章的实验，读者应达到如下要求：

1）掌握周转时间、等待时间、平均周转时间等概念及其计算方法。

2）理解五种常用的作业调度算法（FCFS、SJF、HRRF、HPF、RR)，区分算法之间的差异性，并用 C 语言模拟实现各算法。

3）了解操作系统中高级调度、中级调度和低级调度的区别与联系。

8.2 实验准备

1）掌握程序、进程、作业的基本概念。

2）掌握进程调度、作业调度的区别和联系。

3）掌握 C 语言基本语法和 struct 结构及其用法。

8.3 实验基本知识及原理

1. 基本概念

程序：程序是指静态的指令集合，它不占用系统的运行资源，可以长久地保存在磁盘中。

进程：进程是指进程实体（由程序、数据和进程控制块构成）的运行过程，是系统进行资源分配和调度的一个独立单位。进程执行程序，但进程与程序之间不是一一对应的。通过多次运行，一个程序可以包含多个进程；通过调用关系，同一进程可以被多个程序包含（如一个 DLL 文件可以被多个程序运用)。

作业：作业由一组统一管理和操作的进程集合构成，是用户要求计算机系统完成的一项相对独立的工作。作业可以是完成了编译、链接之后的一个用户程序，也可以是各种命令构成的一个脚本。

作业调度：作业调度是在资源满足的条件下，将处于就绪状态的作业调入内存，同时生成与作业相对应的进程，并为这些进程提供所需要的资源。作业调度适用于多道批处理系统中的批处理作业。根据作业控制块中的信息，检查系统是否满足作业的资源要求，只有在满足作业调度的资源需求的情况下，系统才能进行作业调度。

2. 基本调度算法

（1）先来先服务（First-Come First-Served，FCFS）调度算法

先来先服务调度算法遵循按照进入后备队列的顺序进行调度的原则。该算法是一种非抢占式的算法，也是到目前为止最简单的调度算法，其编码实现非常容易。该算法仅考虑了作业到达的先后顺序，而没有考虑作业的执行时间长短、作业的运行特性和作业对资源的要求。

（2）短作业优先（Shortest-Job-First，SJF）调度算法

短作业优先调度算法根据作业控制块中指出的执行时间，选取执行时间最短的作业优先调度。本实验中规定，该算法是非抢占式的，即不允许立即抢占正在执行中的长进程，而是等当前作业执行完毕再进行调度。

（3）响应比高者优先（High-Response-Ratio-First，HRRF）调度算法

FCFS 调度算法只片面地考虑了作业的进入时间，短作业优先调度算法考虑了作业的运行时间而忽略了作业的等待时间。响应比高者优先调度算法为这两种算法的折中。响应比为作业的响应时间与作业需要执行的时间之比。作业的响应时间为作业进入系统后的等待时间与作业要求处理器处理的时间之和。

（4）优先权高者优先（Highest-Priority-First，HPF）调度算法

优先权高者优先调度算法与响应比高者优先调度算法十分相似，是根据作业的优先权进行作业调度，每次选取优先权高的作业优先调度。作业的优先权通常用一个整数表示，也叫优先数。优先数的大小与优先权的关系由系统或者用户规定。优先权高者优先调度算法综合考虑了作业执行时间和等待时间的长短、作业的缓急度、作业对外部设备的使用情况等因素，根据系统设计目标和运行环境而给定各个作业的优先权，决定作业调度的先后顺序。

8.4 实验说明

1）本实验所选用的调度算法均默认为非抢占式。

2）实验所用的测试数据如表 8-1 所示。

表 8-1 实验测试数据

作 业 id	到达时间	执行时间	优 先 权
1	800	50	0
2	815	30	1
3	830	25	2
4	835	20	2
5	845	15	2
6	700	10	1
7	820	5	0

3）本实验设计的作业的数据结构：

```
typedef struct node
{
    int number;                 // 作业号
    int reach_time;             // 作业抵达时间
```

```
    int need_time;          // 作业的执行时间
    int privilege;          // 作业优先权
    float excellent;        // 响应比
    int start_time;         // 作业开始时间
    int wait_time;          // 等待时间
    int visited;            // 作业是否被访问过
    bool isreached;         // 作业是否已经抵达
}job;
```

4）重要函数说明：

void initial_jobs() 初始化所有作业信息。

void reset_jinfo() 重置所有作业信息。

int findminjob(job jobs[],int count) 找到执行时间最短的作业。输入参数为所有的作业信息及待查找的作业总数，输出为执行时间最短的作业 id。

int findrearlyjob(job jobs[],int count) 找到到达最早的作业。输入参数为所有的作业信息及待查找的作业总数，输出参数为最早到达的作业 id。

void readJobdata() 读取作业的基本信息。

void FCFS() 先来先服务算法。

void SFJschdulejob(job jobs[],int count) 短作业优先算法。输入参数为所有的作业信息及待查找的作业总数。

8.5 实验内容

下面我们设计算法来模拟作业调度。

1）将表 8-1 中的数据去掉第一行写入文本文件中，每行之间用换行符分隔，每列之间用空格分隔，如图 8-1 所示。

job - 记事本

文件(F) 编辑(E) 格式(O) 查看(V) 帮助(H)

```
1    800    50    0
2    815    30    1
3    830    25    2
4    835    20    2
5    845    15    2
6    700    10    1
7    820    5     0
```

图 8-1 写入数据

2）运行本实验的参考代码，参见代码 8-1。

① 通过程序的打印信息来检查作业信息的读入是否正确。

② 运行 FCFS 算法，检验其运算结果是否正确。

③ 根据图 8-2 补充短作业优先代码，并计算其等待时间和周转时间。

④ 尝试编写时间片轮转算法和高响应比优先算法。

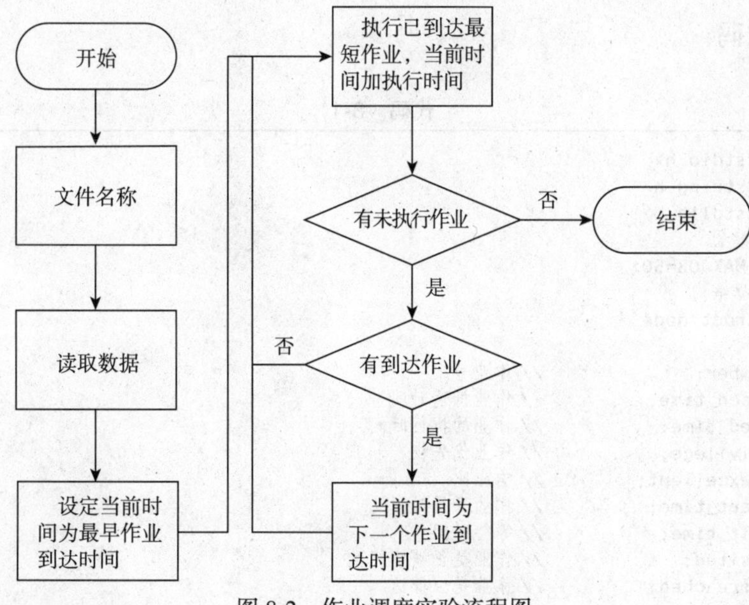

图 8-2　作业调度实验流程图

8.6　实验总结

由四种算法的测试数据来看，算法思想不同，所需的等待时间和周转时间也不同。

表 8-2　算法与等待时间、执行时间、优先权的关系

作业调度算法	等待时间	执行时间	优先权
FCFS	√		
SJF		√	
HRRF	√	√	
HPF			√

由表 8-2 得出 FCFS 算法仅考虑了作业的等待时间，等待时间长的优先考虑；SJF 算法主要考虑作业的执行时间，执行时间短的优先考虑；HRRF 算法同时考虑了作业的等待时间和执行时间，是 FCFS 和 SJF 算法的折中；HPF 算法仅考虑作业的优先权，优先权高者先执行。

从实验结果中可以发现，对测试数据而言，并非 HRRF 算法的平均等待时间和平均周转时间最短。对于这组作业，SJF 算法的平均等待时间和平均周转时间比 HRRF 算法和 HPF 算法的短，说明最适合这个作业的调度算法是 SJF。

由此可以得出，算法的好坏与具体的作业有关。如果对于 a 作业，A 算法的平均等待时间和周转时间是最短的，那说明 A 算法是最适合 a 作业的调度算法。

8.7　实验报告及小组任务

1）实验报告见附录 A.2。

2）小组任务：无。

8.8 参考代码

代码 8-1

```
#include <stdio.h>
#include <string.h>
#include <stdlib.h>
//最大作业数量
const int MAXJOB=50;
//作业的数据结构
typedef struct node
{
    int number;                //作业号
    int reach_time;            //作业抵达时间
    int need_time;             //作业的执行时间
    int privilege;             //作业优先权
    float excellent;           //响应比
    int start_time;            //作业开始时间
    int wait_time;             //等待时间
    int visited;               //作业是否被访问过
    bool isreached;            //作业是否抵达
}job;
job jobs[MAXJOB];              //作业序列
int quantity;                  //作业数量
//初始化作业序列
void initial_jobs()
{
    int i;
    for(i=0;i<MAXJOB;i++)
    {
        jobs[i].number=0;
        jobs[i].reach_time=0;
        jobs[i].privilege=0;
        jobs[i].excellent=0;
        jobs[i].start_time=0;
        jobs[i].wait_time=0;
        jobs[i].visited=0;
        jobs[i].isreached=false;
    }
    quantity=0;
}
//重置全部作业信息
void reset_jinfo()
{
    int i;
    for(i=0;i<MAXJOB;i++)
    {
        jobs[i].start_time=0;
        jobs[i].wait_time=0;
        jobs[i].visited=0;
    }
}
//查找当前current_time已到达未执行的最短作业，若无返回-1
int findminjob(job jobs[],int count)
{
    int minjob=-1;//=jobs[0].need_time;
    int minloc=-1;
    for(int i=0;i<count;i++)
    {
  if(minloc==-1){
```

```
            if( jobs[i].isreached==true && jobs[i].visited==0){
            minjob=jobs[i].need_time;
            minloc=i;
            }
        }
        else if(minjob>jobs[i].need_time&&jobs[i].visited==0&&jobs[i].isreached==true)
            {
                minjob=jobs[i].need_time;
                minloc=i;
            }
    }
    return minloc;
}
//查找最早到达作业，若全部到达返回 -1
int findrearlyjob(job jobs[],int count)
{
    int rearlyloc=-1;
    int rearlyjob=-1;
    for(int i=0;i<count;i++)
    {
        if(rearlyloc==-1){
            if(jobs[i].visited==0){
            rearlyloc=i;
            rearlyjob=jobs[i].reach_time;
            }
        }
        else if(rearlyjob>jobs[i].reach_time&&jobs[i].visited==0)
        {
            rearlyjob=jobs[i].reach_time;
            rearlyloc=i;
        }
    }
    return rearlyloc;
}
//读取作业数据
void readJobdata()
{
    FILE *fp;
    char fname[20];
    int i;
    //输入测试文件文件名
    printf("please input job data file name\n");
    scanf("%s",fname);
    if((fp=fopen(fname,"r"))==NULL)
    {
        printf("error, open file failed, please check filename:\n");
    }
    else
    {
        //依次读取作业信息
        while(!feof(fp))
        {
    if(fscanf(fp,"%d  %d  %d  %d",&jobs[quantity].number,&jobs[quantity].reach_
        time,&jobs[quantity].need_time,&jobs[quantity].privilege)==4)
                    quantity++;
            }
            //打印作业信息
            printf("output the origin job data\n");
```

```
        printf("------------------------------------------------------------------------\n");
        printf("\tjobID\treachtime\tneedtime\tprivilege\n");
        for(i=0;i<quantity;i++)
        {
    printf("\t%-8d\t%-8d\t%-8d\t%-8d\n",jobs[i].number,jobs[i].reach_time,jobs[i].
      need_time,jobs[i].privilege);
        }
    }
}
//FCFS
void FCFS()
{
    int i;
    int current_time=0;
    int loc;
    int total_waitime=0;
    int total_roundtime=0;
    //获取最近到达的作业
    loc=findrearlyjob(jobs,quantity);
    //输出作业流
    printf("\n\nFCFS算法作业流\n");
    printf("------------------------------------------------------------------------\n");
    printf("\tjobID\treachtime\tstarttime\twaittime\troundtime\n");
    current_time=jobs[loc].reach_time;
    //每次循环找出最先到达的作业并打印相关信息
    for(i=0;i<quantity;i++)
    {
        if(jobs[loc].reach_time>current_time)
        {
            jobs[loc].start_time=jobs[loc].reach_time;
            current_time=jobs[loc].reach_time;
        }
        else
        {
            jobs[loc].start_time=current_time;
        }
        jobs[loc].wait_time=current_time-jobs[loc].reach_time;
    printf("\t%-8d\t%-8d\t%-8d\t%-8d\t%-8d\n",loc+1,jobs[loc].reach_time,jobs[loc].
      start_time,jobs[loc].wait_time,
                jobs[loc].wait_time+jobs[loc].need_time);
            jobs[loc].visited=1;
            current_time+=jobs[loc].need_time;
            total_waitime+=jobs[loc].wait_time;
            total_roundtime=total_roundtime+jobs[loc].wait_time+jobs[loc].need_time;
            //获取剩余作业中最近到达作业
            loc=findrearlyjob(jobs,quantity);
    }
    printf("总等待时间:%-8d 总周转时间:%-8d\n",total_waitime,total_roundtime);
    printf("平均等待时间: %4.2f 平均周转时间: %4.2f\n",(float)total_waitime/(quantity),
        (float)total_roundtime/(quantity));
}
//短作业优先作业调度
void SFJschdulejob(job jobs[],int count)
{

}
int main()
{
```

```
    initial_jobs();
    readJobdata();
    FCFS();
    reset_jinfo();
    SFJschdulejob(jobs,quantity);
    system("pause");
    return 0;
}
```

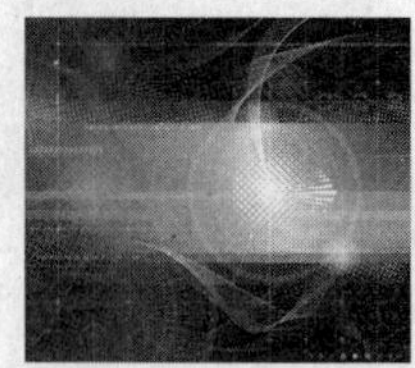

第 9 章 系统调用及进程控制实验

操作系统的内核通常会提供一些具备一定功能的函数，并通过系统调用将这些函数呈现给用户。本实验以进程控制为实例，讲解进程控制部分的主要系统调用。本实验将在 Linux 环境下练习使用系统调用进行编程，在理解系统调用原理的同时，掌握进程控制的相关操作。

9.1 实验目的

通过本章的实验，读者应达到如下要求：

1）理解 BIOS 中断调用、系统调用以及 C 语言标准库函数的联系和区别。

2）理解 Linux API 和系统调用的区别。

3）熟悉 Linux 下进程控制相关的系统调用，并熟练使用相关函数完成进程控制的操作。

4）学习写 makefile 文件。

9.2 实验准备

1）了解 Linux 编译工具和调试工具的使用方法。

2）查阅相关资料，掌握阅读和编写 makefile 文件的能力。

3）查阅资料，了解进程控制的相关理论知识。

9.3 实验基本知识及原理

1. 系统调用

操作系统的主要功能是为应用程序的运行创建良好的环境。为了达到这个目的，内核提供了一系列具备预订功能的多内核函数，通过一组称为系统调用（system call）的接口呈现给用户。系统调用将应用程序的请求传给内核，调用相应的内核函数完成所需的处理，然后将处理结果返回给应用程序，如果没有系统调用和内核函数，用户将不能编写大型应用程序。

Linux 提供系统调用，使用户进程能够调用内核函数。这些系统调用允许用户操纵进程、文件和其他系统资源，从用户级切换到内核级。也就是说，系统调用的执行会引起特权级的切换，是一种受约束的、为切换到保护核心的“函数调用”。普通函数调用不会引起特权级的转换，一般不受约束。

2. BIOS 中断调用

BIOS 中断服务程序实质上是微机系统中软件与硬件之间的一个可编程接口，主要用于程序软件功能与微机硬件之间的连接。BIOS 中断服务“封装”了许多系统底层的细节，使得一些用户程序也能够使用 BIOS 功能。

3. C 语言标准库

C 语言标准库是利用系统调用来实现的，它依赖于系统的系统调用封装起来，而对开发者透明。系统调用的实现在内核完成，而 C 语言标准库则在用户态实现，标准库函数完全运行在用户空间。

4. API 和系统调用的区别

API（Application Programming Interface，应用编程接口）是程序员在用户空间下可以直接使用的函数接口，如常用的 read()、malloc()、free() 函数等。这些函数用来获得一个给定的服务。系统调用是通过软中断向内核发出一个明确的请求。API 和系统调用并没有严格的对应关系：

1）API 有可能和系统调用的形式是一样的。比如 API 的 read() 函数就和 read() 系统调用的形式是一致的。

2）几个不同的 API 的内部实现可能是调用同一个系统调用。例如，Linux 的 libc 库实现了内存分配和释放函数 malloc()、calloc() 和 free()，这几个函数的实现都调用了 brk() 系统调用。

3）一个 API 的功能可能并不需要系统调用，如 abs()。

4）一个 API 的功能实现需要多个系统调用。

系统调用与 API 的关系可以用图 9-1 来表示。

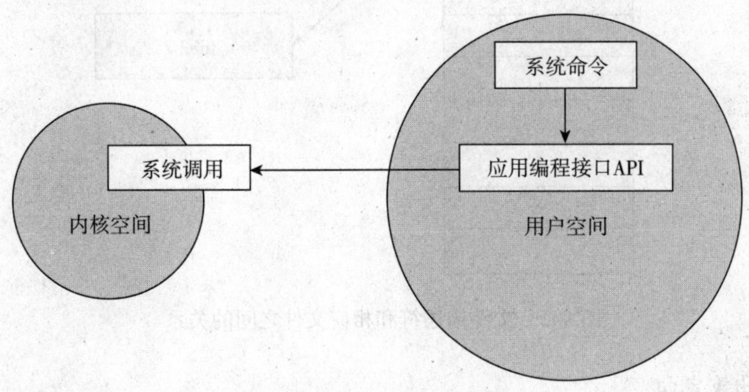

图 9-1　系统调用和 API 的关系

5. makefile 文件和 make 命令

一个工程中的源文件可能不计其数，按类型、功能、模块分别放在若干目录中，makefile 定义了一系列的规则来指定哪些文件需要先编译，哪些文件需要后编译，哪些文件需要重新编译，甚至进行更复杂的功能操作。makefile 就像一个 shell 脚本一样，也可以执行操作系统的命令。makefile 文件需要按照某种语法进行编写，文件中需要说明如何编译各个源文件并链接生成可执行文件，以及定义文件间的依赖关系。

make 是一个命令工具，即解释 makefile 中指令的命令工具，一般来说，大多数 IDE 都有这个命令，如 Delph 的 make、VC 的 nmake、GNU 的 make。

makefile 带来的好处就是“自动化编译”，程序一旦写好，只需要一个 make 命令，整个工程就可以自动编译，极大提高了软件开发的效率。

6. 文件描述符

内核利用文件描述符来访问文件。文件描述符是非负整数。打开或新建文件时，内核会返回一个文件描述符。读写文件也需要使用文件描述符来指定待读写的文件。

习惯上，标准输入的文件描述符是 0，标准输出的文件描述符是 1，标准错误的文件描述符是 2。注意，这种使用方式不是 UNIX 内核的特性，但是因为一些 shell 和应用程序都采用这种方式，所以如果内核不遵循这种习惯的话，很多应用程序将不能使用。

标准文件和文件描述符的关系可用图 9-2 来表示。

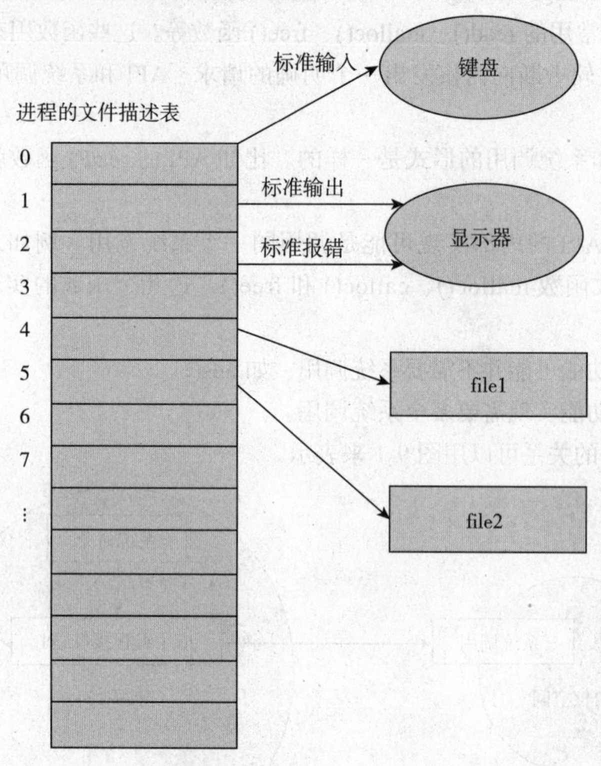

图 9-2　文件描述符和相应文件之间的关系

7. 输入输出重定向

通常来讲，输入默认为键盘输入，输出默认为输出到屏幕，一条命令的执行语义如图 9-3 所示。

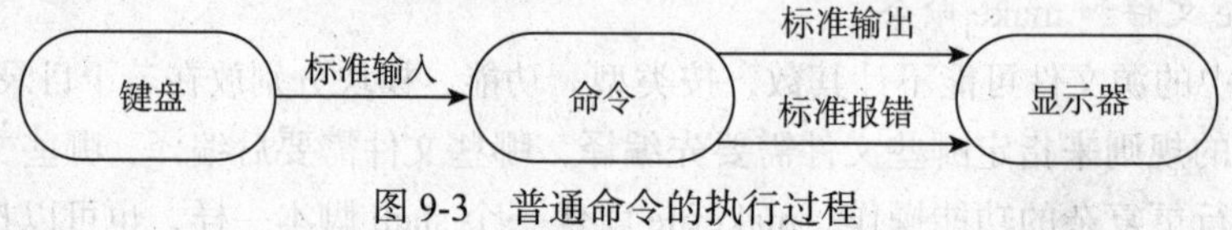

图 9-3　普通命令的执行过程

输入输出重定向就是改变输入输出方向，如将标准输入和输出都改为文件，如图 9-4 所示。

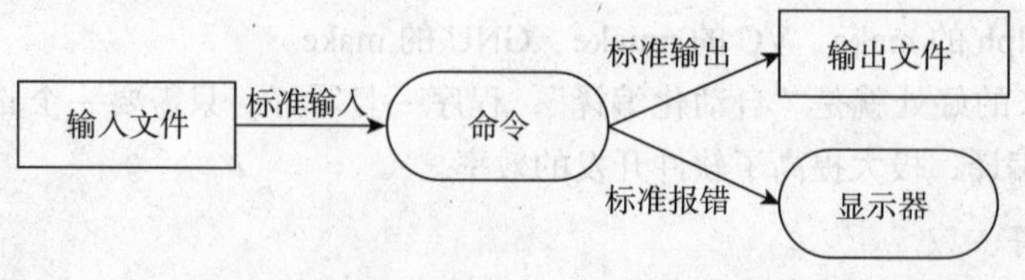

图 9-4　输入输出重定向

8. 进程通信机制——管道

管道是半双工的，数据只能向一个方向流动；需要双方通信时，需要建立两个管道；管道只能用于具有“亲缘”关系的进程（父子进程或者兄弟进程之间）；管道单独构成一种独立的文件系统：管道对于管道两端的进程而言就是一个文件，但它不是普通的文件，不属于某种文件系统，而是自立门户，并且只存在于内存中。

一个进程向管道中写的内容被管道另一端的进程读出。写入的内容每次都添加在管道缓冲区的末尾，并且每次都由缓冲区的头部读出数据，如图 9-5 所示。

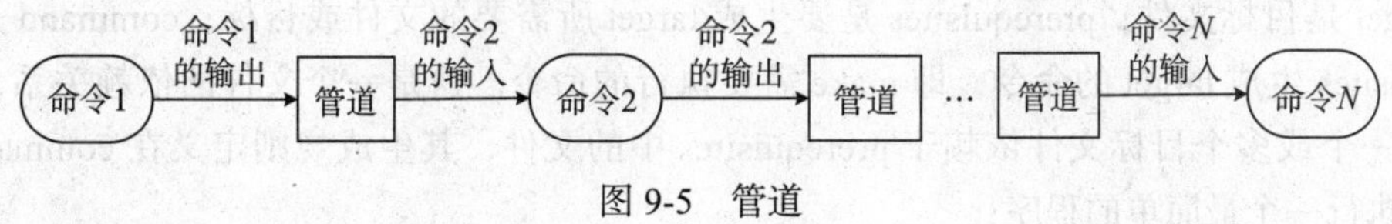

图 9-5　管道

9.4　实验说明

本实验在 Linux 环境下运行。

1. 重要函数说明

（1）调用 fork 函数创建子进程

头文件：

```
#include<unistd.h>
#include<sys/types.h>
```

函数原型：

```
pid_t fork(void);                         //pid_t 是一个宏定义，其实质是 int
```

返回值：若成功调用一次则返回两个值，子进程返回 0，父进程返回子进程 id；出错返回 –1。

Linux 下的 fork 函数与 Windows 下的 _spawnl 函数的作用都是创建子进程，它们的区别是：fork 将进程代码复制一份并执行，_spawnl 从头开始执行。

（2）pipe 函数介绍

头文件：`#include<unistd.h>`

函数原型：`int pipe(int fildes[2])`

返回值：成功返回 0，失败返回 –1。

功能：参数 fildes 用来描述管道的两端，管道被创建时，两端的任务是确定的，fildes[0] 是管道读出端，fildes[1] 是管道写入端。

（3）dup2 函数介绍

头文件：`#include <unistd.h>`

函数原型：`int dup2(int oldfd, int targetfd)`

dup2 函数允许调用者规定一个有效描述符 oldfd 和一个目标描述符 targetfd。dup2 函数成功返回时，目标描述符（dup2 函数的第二个参数）将变成源描述符（dup2 函数的第一个参数）的复制品，换句话说，两个文件描述符现在都指向同一个文件，并且是函数第一个参数指向的文件。

功能：将 oldfd 文件描述符复制到 targetfd，使 oldfd 和 targetfd 指向同一文件。

2. makefile 文件

make 命令执行时，需要一个 makefile 文件，以告诉 make 命令如何编译和链接。makefile 的规则如下：

```
target ... : prerequisites ...
command
...
...
```

target 是目标文件；prerequisites 是要生成 target 所需要的文件或目标；command 是使用 prerequisites 生成 target 的命令，即 make 需要执行的命令。这是一个文件的依赖关系，target 包括的一个或多个目标文件依赖于 prerequisites 中的文件，其生成规则定义在 command 中。例如，执行一个最简单的程序：

```
// helloworld.c
#include <stdio.h>
int main(void)
{
    printf("Hello world\n");
    return 0;
}
```

之前已经介绍过，在 Linux 命令行下直接使用 gcc 命令可以方便地将该程序编译为可执行文件。在此，为了讲解 makefile 的使用，我们将使用 makefile 的方式进行编译。

写好的 makefile 文件如下：

```
#makefile
all: helloworld
helloworld: helloworld.o
    gcc -o helloworld helloworld.o
helloworld.o: helloworld.c
    gcc -c helloworld.c
clean:
    rm helloworld.o
```

all 表示最终结果是什么，在这个 makefile 中即为生成的可执行文件 helloworld。

helloworld 表示它是由 helloworld.o 文件而来，由 helloworld.o 生成 helloworld 的命令即为：

```
gcc -o helloworld helloworld.o
```

接下来的语句指明了 helloworld.o 的出处：它是依赖于 helloworld.c，通过如下命令得到的：

```
    gcc -c helloworld.c
```

最后，因为我们生成的中间文件 helloworld.o 对于用户使用是没有作用的，所以要将其删除，完成该项工作的语句是：

```
clean:
    rm helloworld.o
```

这样，makefile 文件就写好了，此时，切换到 makefile 所在的目录执行 make 命令。make 命令会找到 makefile 文件，以 all 语句的内容为最终目标，通过依赖关系依次往下执行，这是因为 clean 与之前的语句并不存在依赖关系，所以 clean 的内容无法执行。如果用户希望执行该语句，可以使用 make clean 语句来实现，或者将 makefile 的第一句改为“ all:helloworld clean”。

3. 源码说明

在参考代码中的程序包括 signal.c、fork.c、pipe.c 三个程序文件，下面对其进行说明。

（1）程序代码 fork.c

该程序中使用 fork 系统调用创建了一个子进程来执行相关命令，其中，fork 创建子进程的部分示意图如图 9-6 所示。

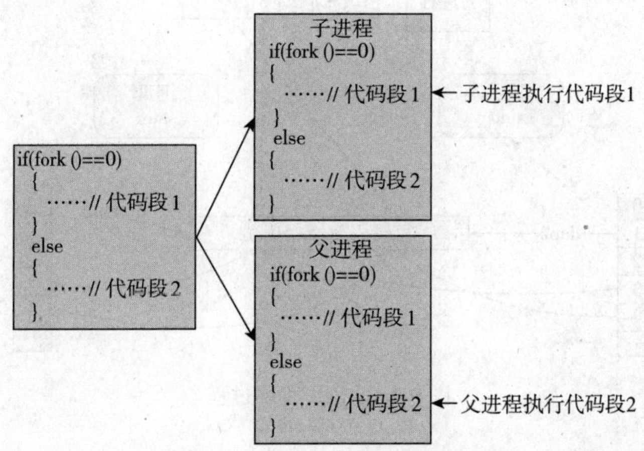

图 9-6　父进程与子进程的关系

子进程是父进程的一个副本，它会获得父进程所有资源的副本，即子进程拥有和父进程相同代码段的内存块。fork 函数被调用一次但返回两次。子进程复制了父进程的堆栈段，所以两个进程在执行过程中都停留在 fork 函数中等待返回。事实上，fork 函数在父进程和子进程各返回一次。在子进程中返回 0 值，而父进程返回子进程的 id。

调用 fork 之后，数据、堆栈有两份，代码仍为一份，但是该代码段为两个进程的共享代码段，都从 fork 函数中返回，箭头表示各自的执行处。当父、子进程有一个想要修改代码段时，两个进程真正分裂。

（2）程序代码 pipe.c

该程序中，系统调用 pipe 和 dup2 函数来模拟实现 shell 命令 ls –l /etc/ | more，其示意图如图 9-7 所示。

管道是在内存中实现的，从 I/O 重定向的观点来看，等同于以下命令的组合：

```
$ ls  -l  /etc/  >  temp（输出重定向到 temp）
$ more  <  temp     （或者 more temp）
$ rm  temp          （删除临时文件）
```

该命令组合需要 3 条命令和 1 个临时文件，且含有磁盘 I/O 操作，执行效率比使用管道低。

（3）程序代码 signal.c

进程之间还可以通过信号的方式进行通信，Linux 操作系统提供了一组关于信号的操作函数。本程序是自学部分，请读者参考相关 API 阅读该部分程序。

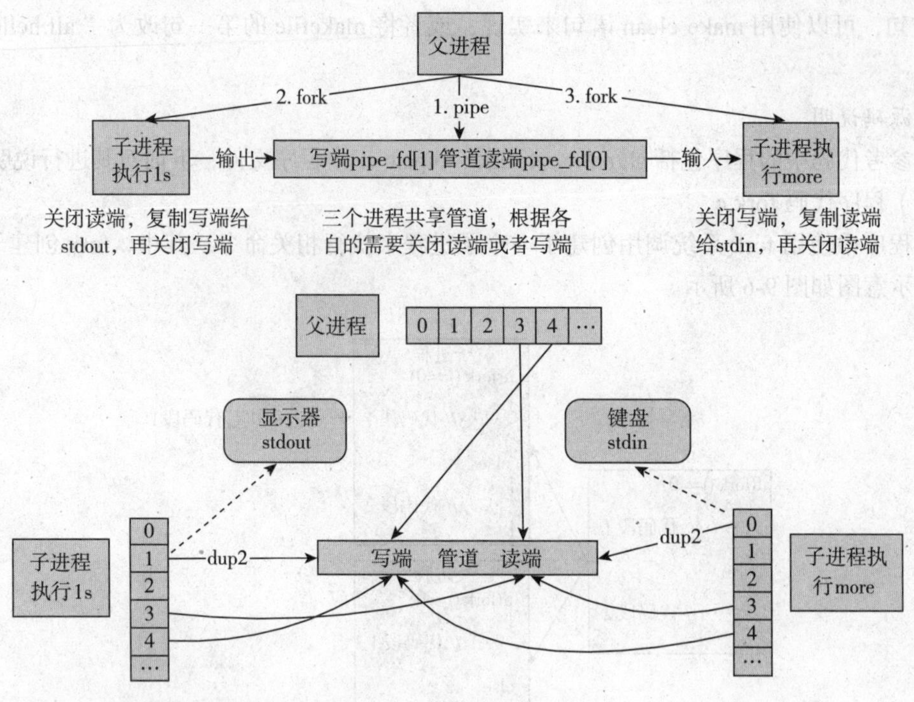

图 9-7　pipe.c 程序过程

9.5　实验内容

1）登录 Linux 系统。

2）在 home 目录下建立以自己学号为文件名的文件。

3）复制实验提供的源代码至自己建立的文件。

4）阅读关于系统调用 fork、exec、wait、exit、pipe 等函数（可通过 man 函数进行查询）。

5）编写 makefile，用 make 编译源代码中的 fork.c 和 pipe.c，并填写相关实验报告。

6）运行步骤 5 生成的可执行文件，观察结果及进程，并填写实验报告相关内容。

7）查阅资料，掌握信号和进程调度，阅读 signal.c 代码，编译并运行，另开终端，用 ps 和 kill 命令终止进程。

9.6　实验总结

本实验操作部分较为简单，但是包含了较大范围的知识，包括系统调用、进程、信号、管道等方面。关于 makefile 还有很多扩展性的使用方法，希望读者自己查找相关资料进行更加深入的学习。

9.7　实验报告及小组任务

实验报告详见附录 A.3。

小组任务：设计简单的命令行 myshell，并能在实验环境下运行。

要求如下：

1）用 make 命令生成可执行文件。

2）支持以下命令：

- cd <directory>：将当前目录改为 <directory>。如果没有 <directory> 参数，则进入当前目录。如果目录不存在，则显示相应的错误提示。这个命令也可以改变 PWD 环境变量。
- clr：清屏。
- environ：列出所有环境变量。
- help：显示命令的 manual。
- echo <comment>：在屏幕上显示 <comment> 并换行。
- pause：停止 shell 操作，直到按下回车键后再继续运行。
- quit：退出 shell。
- shell 的环境变量应该包含 shell = <pathname> /myshell，其中 <pathname>/myshell 是可执行程序 shell 的完整路径（绝对路径）。
- shell 程序必须支持 I/O 重定向。

9.8 参考代码

代码　9-1

```
// fork.c
// 实验代码：通过 fork 实现子进程执行 /bin/ls-l /，实验效果等效于 shell
// 模拟命令：$ /bin/ls -l /
#include<stdlib.h>
#include<sys/types.h>
#include<sys/wait.h>
#include<unistd.h>
#include <stdio.h>
#include <errno.h>

int main(int argc,char* argv[])
{
    int pid;
    char *prog_argv[4];
    /* 建立参数表 */
    prog_argv[0]="/bin/ls";
    prog_argv[1]="-l";
    prog_argv[2]="/";
    prog_argv[3]=NULL;
    /* 为命令 ls 创建进程 */
    if ((pid=fork())<0)
    {
        perror("Fork failed");// 创建失败则输出 Fork failed
        exit(errno);
    }
    if (!pid)/* 这是子进程，执行命令 ls */
    {
        printf("argc = %d, argv[0] = %s",argc,argv[0]);
        execvp(prog_argv[0],prog_argv);
    }
    if (pid)/* 这是父进程，等待子进程执行结束 */
    {
        waitpid(pid,NULL,0);
```

```
    }
    return 0;
}
```

代码 9-2

```
// pipe.c 程序
// 系统调用 pipe 和 dup2 函数实现 shell 命令 ls -l /etc/ | more
#include<stdlib.h>
#include<sys/types.h>
#include<sys/wait.h>
#include<unistd.h>
#include <stdio.h>
#include <errno.h>

int main(int argc, char *argv[])
{
    int status;
    int pid[2];// 进程号
    int pipe_fd[2];//pipe 的描述符，一个 pipe 有两个描述符，分别用于 read 时的输入和 write 时的
      输出
    char *prog1_argv[4];// 启动进程时的参数
    char *prog2_argv[2];
    char rwBuffer[1024] = {'\0'};// 用 read 和 write 读写 pipe 时使用的缓冲区
    prog1_argv[0]="/bin/ls";/* 命令 ls 的参数表 */
    prog1_argv[1]="-l";
    prog1_argv[2]="/etc/";
    prog1_argv[3]=NULL;
    prog2_argv[0]="/bin/more";/* 命令 more 的参数表 */
    prog2_argv[1]=NULL;
    if (pipe(pipe_fd)<0)// 创建 pipe，获得用于输入和输出的描述符
    {
        perror("pipe failed");
        exit(errno);
    }
    if ((pid[0]=fork())<0)/* 父进程为 ls 命令创建子进程 */
    {
        perror("Fork failed");
        exit(errno);
    }
    if (!pid[0])/* ls 子进程 */
    {
        read(pipe_fd[0],rwBuffer,1024);// 读管道，会阻塞，等待父进程发布命令
        fprintf(stdout,"\n\n-----------------------%s|rec--------------------------------
            \n\n",rwBuffer);
        /* 不需要再读取了，关闭读端 */
        close(pipe_fd[0]);
        dup2(pipe_fd[1],1);/* 将管道的写描述符复制给标准输出，然后关闭 */
        close(pipe_fd[1]);
        execvp(prog1_argv[0], prog1_argv);// 调用 ls
    }
    if (pid[0])/* 父进程，为 more 创建子进程 */
    {
        if ((pid[1]=fork())<0)// 再次创建进程
        {
            error("Fork failed");
            exit(errno);
        }
        if (!pid[1])// 子进程
        {
```

```
            close(pipe_fd[1]);
            dup2(pipe_fd[0],0);/* 将管道的读描述符复制给标准输入，然后关闭 */
            close(pipe_fd[0]);
            execvp(prog2_argv[0],prog2_argv);
        }else{
            fprintf(stdout,"\n\n--------------------------%s|send----------------------
                \n\n",rwBuffer);
            sprintf(rwBuffer,"start1");
            write(pipe_fd[1],rwBuffer,strlen(rwBuffer));/* 将命令写入管道 */
            fprintf(stdout,"\n\n--------------------------%s|send----------------------
                \n\n",rwBuffer);
            sprintf(rwBuffer,"start2");
            write(pipe_fd[1],rwBuffer,strlen(rwBuffer));/* 将命令写入管道 */
        }
        close(pipe_fd[0]);
        close(pipe_fd[1]);
        waitpid(pid[1],&status,0);
        printf("Done waiting for more.\n");
    }
    return 0;
}
```

代码　9-3

```
// signal.c
#include <stdio.h>
#include <sys/types.h>
#include <signal.h>
#include <stddef.h>
#include <sys/wait.h>
#include <sys/ioctl.h>
#include <sys/termios.h>

void ChildHandler (int sig, siginfo_t* sip, void* notused)/* 信号处理函数 */

{
    int status;
    printf("The process generating the signal is PID: %d\n",sip->si_pid);
    fflush(stdout);
    status=0;
    if(sip->si_pid==waitpid(sip->si_pid, &status, WNOHANG))/* WNOHANG 表示如果没有子进程
        退出，就不等待 */
    {
        if(WIFEXITED(status)||WTERMSIG(status))
            printf("The child is gone!!!!!\n");/* 子进程退出 */
        else
            printf("Uninteresting\n");/* alive */
    }else
    {
        printf("Uninteresting\n");
    }
};

int main()
{
    struct sigaction action;
    action.sa_sigaction=ChildHandler;/* 注册信号处理函数 */
    sigfillset(&action.sa_mask);
    action.sa_flags = SA_SIGINFO;/* SA_SIGINFO 表示允许向处理函数传递信息 */
    sigaction(SIGCHLD,&action,NULL);
```

```
    int pid;
    pid = fork();
    while(1)
    {
        if (pid)
            printf("PID(parent): %d\n",getpid());
        else
            printf("PID(child): %d\n",getpid());
        sleep(1);
    }
    return 0;
}
```

第10章 同步与互斥实验

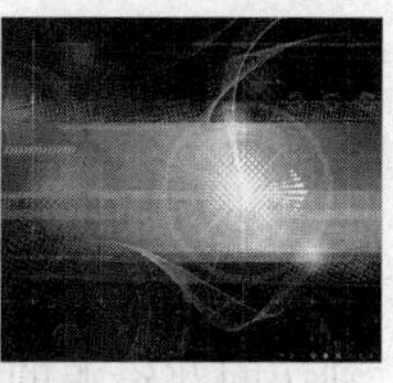

随着计算机技术的提高，计算机的计算资源、存储资源等都有了很大的提升。为了改善资源的利用率，提高系统吞吐量，操作系统引入了并发的机制。在多进程并发的环境下，进程之间通常会存在各种制约和协作的关系，如资源的竞争或者进程之间的先后关系等。如果进程的运作协调不当，则会产生死锁现象。因此，计算机必须提供一系列合理的策略来协调进程之间的关系。本章实验将以此为学习内容，请读者按照要求编写程序，实现同步与互斥管理，以加强对同步和互斥的理解并掌握如何在实际操作中实现相关机制。

10.1 实验目的

通过本章的实验，读者应达到如下要求：

1）理解原子操作、同步、互斥、信号量、临界区等基本概念。

2）掌握进程同步与互斥原理。

3）掌握经典同步算法模型：生产者与消费者模型、读写者模型、哲学家就餐模型等。

10.2 实验准备

1）学习使用查阅 MSDN 查询 API。

2）了解进程同步与互斥过程中的基本概念：原子操作、信号量、临界区。

3）熟悉 C++ 中的类、对象和 this 指针。

10.3 实验基本知识及原理

1. 基本概念

原语：不可中断的过程。

互斥：某一资源同时只允许一个访问者对其进行访问，具有唯一性和排他性。

同步：在互斥的基础上（大多数情况），通过其他机制实现访问者对资源的有序访问。

临界资源：互斥共享的资源称为临界资源。

临界区（Critical Section）：在程序中，对临界资源访问的代码部分称为临界区。临界资源是互斥访问资源，即在任意时刻只允许一个进程访问共享资源。临界区包含两个操作原语：进入临界区和离开临界区。

互斥量（Mutex）：互斥量与临界区相似，只有拥有互斥对象的进程（或线程）才具有访问资源的权限。由于互斥对象只有一个，因此任何情况下此共享资源都不会同时被多个进程访问。当前占据临界资源的进程在任务处理完成后应将拥有的互斥对象释放，以便其他进程在获得互斥对象后能够访问资源。互斥量比临界区复杂，因为使用互斥量不仅仅能够在同一应用程序不同进程中实现资源的安全共享，还可以在不同应用程序的进程之间实现对资源的安全共享。互斥量包含三个操作原语：创建一个互斥量、释放一个互斥量、等待互斥量。

信号量（semaphores）：信号量对象进程的同步方式与临界区和互斥量不同，信号量允许多个进程同时使用共享资源，这与操作系统中的 PV 操作相同，它指出了同时访问共享资源的最大进程数目。它允许多个进程在同一时刻访问同一资源，但是需要限制不能超过同一时刻访问此资源的最大进程数目。即在创建信号量时要同时指出允许的最大资源计数和当前可用资源计数。一般是将当前可用资源计数设置为最大资源计数，每增加一个进程对共享资源的访问，当前可用资源计数就会减 1，只要当前可用资源计数是大于 0 的，就可以发出信号量信号。当前可用计数减小到 0 时，说明当前占用资源的进程已经达到了所允许的最大数目，不能再允许其他进程进入，此时的信号量信号将无法发出。进程在处理完共享资源后，应在离开的同时通过释放一个信号量操作将当前可用资源计数加 1。任何时候，当前可用资源计数绝不可能大于最大资源计数。信号量包含三个操作原语：创建信号量、释放信号量、等待信号量。

2. PV 操作（PV Handle）

PV 操作由 P 操作原语和 V 操作原语组成，用于对信号量进行操作。具体定义如下：

P(S)：

1）将信号量 S 的值减 1，即 S=S－1；

2）如果 S>0，则该进程继续执行；否则该进程置为等待状态，排入等待队列。

V(S)：

1）将信号量 S 的值加 1，即 S=S＋1；

2）如果 S>0，则该进程继续执行；否则释放队列中第一个等待信号量的进程。

PV 操作的意义：用信号量及 PV 操作来实现进程的同步和互斥。PV 操作属于进程的低级通信。

10.4　实验说明

1. API 介绍

实验中将会用到一些线程相关的 Win 系统 API，我们对其进行简单描述。

1）等待指定的一个或全部的对象（*lpHandles) 完成作业，或等待超过指定的时间。

```
DWORD WaitForMultipleObjects(
  DWORD nCount,               // 句柄的数量
  CONST HANDLE *lpHandles,    // 指向句柄数组的指针
  BOOL fWaitAll,              // 等待标志位
  DWORD dwMilliseconds        // 超时间隔（以毫秒为单位）
);
```

2）创建一个信号量。

```
HANDLE CreateSemaphore(
   LPSECURITY_ATTRIBUTES lpSemaphoreAttributes,
                            // 指定一个 LPSECURITY_ATTRIBUTES 结构，该结构通常指定安全属性
   LONG lInitialCount,      // 设置信号量的初始计数
   LONG lMaximumCount,      // 信号量的最大计数
   LPCTSTR lpName           // 指定信号量对象的名称
 );
```

3）关闭指定句柄的对象。

```
BOOL WINAPI CloseHandle(
    HANDLE hObject                    // 要关闭的对象的句柄
);
```

4）增加信号量（hSemaphore）的值，类似于 PV 操作中的 V。

```
BOOL ReleaseSemaphore(
    HANDLE hSemaphore,                // 要操作的信号量对象的句柄
    LONG lReleaseCount,               // 以当前为基础，信号量对象要增加的值
    LPLONG lpPreviousCount            //信号量变化前值的指针
);
```

5）创建一个线程，指定以 C 运行库的形式运行，而 CreateThread() 以 Win32 调用方式创建线程。

```
uintptr_t _beginthreadex(
     void *security,
    // 指向一个 SECURITY_ATTRIBUTES 结构，用来标识其返回的句柄能否被其子线程继承
     unsigned stack_size,                  // 新线程的栈的大小
     unsigned (*start_address)(void *),    // 新线程的起始地址
     void *arglist,                        // 向新线程传递的参数列表
     unsigned initflag,                    // 新线程的初始状态
     unsigned *thrdaddr                    // 指向一个 32 位的变量，改变量用来保存线程标识符
);
```

2. 测试数据

生产者与消费者模型：本实验将使用以下四类不同的数据集合来表示四个生产者生产的元素。

- 第一类数据：大写字母 A B C D E F G H I J K L M N O P Q R S T U V W X Y Z。
  对应实验源码中的 source0.txt
- 第二类数据：数字 0 1 2 3 4 5 6 7 8 9。
  对应实验源码中的 source1.txt
- 第三类数据：汉语拼音字母 b p m f d t n l g k h j q z zh ch sh r z c s y w ao ei u v ai ei ui ao ou iu ie ve er an en in un。
  对应实验源码中的 source2.txt
- 第四类数据：符号：~ ! @ # $ % ^ & * ( ) _ + - =，
  对应实验源码中的 source3.txt

3. 生产者和消费者模型

基本原理：

在主进程中创建 *n* 个线程来模拟生产者和消费者。生产者生产产品，消费者只消费指定生产者的产品，连接生产者与消费者的部分是缓冲池，生产者将生产出来的产品放在缓冲池中供消费者消费，消费者消费产品并释放缓冲区。

如果缓冲区满，则生产者无法继续生产产品，而要等待消费者消费。如果缓冲区空，则消费者无法继续消费，需要等待生产者生产产品。同时，生产者之间也是互斥的，而消费者只有在针对同一产品消费的时候才需要互斥。

生产者与消费者模型的 PV 操作：

```
//mutex 用于表示生产者与消费者对缓冲区的互斥访问
```

```
//信号量empty表示空缓冲区的数目
//信号量full满缓冲区的数目
var mutex, full, empty: semaphore=1, 0, n
Producer{
     P(empty);
     P(mutex);
     Buffer(in)=product;
     in:=(in+1) mod n;
     V(mutex);
     V(full) ;
}
Consumer{
   P(full);
   P(mutex);
   product:=buffer(out);
   out:=(out+1) mod n;
   V(mutex);
   V(empty);
}
```

4. 读写者模型

基本原理：

主进程创建多个读写线程分别对临界区进行读写访问，读写者之间遵从以下原则：

1）读读不互斥：临界区允许多个读者同时访问。

2）读写互斥：读者和写者不可以同时访问临界区。

3）写写互斥：写者和写者不可以同时访问临界区。

4）避免读者或写者饿死：避免由于读者或写者一直占用临界区而对方得不到资源被饿死的情况出现。

10.5 实验内容

实验一 生产者消费者模型实验

1）在 Windows 下，使用 VS 创建工程 CPProject。

2）将生产者 – 消费者实验的源代码添加到该工程中，包括：RunableThread.h、Buffer.h、Consumer.h、Producer.h、Driver.cpp；并将相关数据（consumeri.txt 和 sourcei.txt）文件放在项目的根目录下。

3）阅读代码，完成实验报告中的相关内容。

4）执行代码，分析程序的运行结果，完成实验报告的相关内容。

实验二 读写者模型实验

1）在 Windows 下，使用 VS 创建工程 RWProject。

2）将读写者模型源码添加到该工程中，包括：RunableThread.h、Reader.h、Writer.h、RwLock.h、Driver.cpp 五个文件。

3）RwLock.h 文件中的 ReadUnlock 函数和 WriteUnlock 函数没有写完，请阅读其他源码，将这两个函数的内容补齐，并完成相关实验报告。

4）执行代码，观察程序的运行结果，完成实验报告的相关内容。

10.6　实验总结

1）对于进程同步与互斥问题，本实验提供了一个程序框架，理清程序框架是关键。

2）本实验中需要阅读的代码量较多，在研究源码的同时，要参考相关同步与互斥的相应算法来理解。

10.7　实验报告及小组任务

实验报告见附录 A.4。

小组任务：仿照所给两个经典进程同步代码，实现哲学家就餐问题。

10.8　参考代码

代码　10-1

```
//生产者消费者模型源码，RunableThread.h
#ifndef RunableThread_h
#define RunableThread_h
#ifndef _WINDOWS_
#include <windows.h>//为 MFC 提供兼容性
#endif
#include <conio.h>
#include <process.h>
#include <winbase.h>
/* 在类中启动类的实例的线程的基本结构已经在这个类中写好，要写一个能够启动自身实例线程的类，只需要用 public 的方式继承此类，然后重写 Execue 方法，此方法的核心思想是将 this 指针传递给静态函数，然后静态函数通过指针启动类的实例的方法函数 */
class RunableThread
{
    private:
    protected:
        HANDLE hThread;
        unsigned thrdaddr;
/* 由于 _beginthreadex 和 _beginthread 函数只接受全局函数和类中静态函数作为第三个参数，所以才将这个函数声明为静态，但是只有静态函数是没有办法访问类中非静态成员的，要让类的实例在线程中执行，必须要访问非静态函数，所以才有这种办法 */
        static unsigned WINAPI ThreadProc( LPVOID lpParam )
        {
            RunableThread *pto   =   (RunableThread*)lpParam;// 此处是比较高明的做法
            return   pto->Execue();
        }
        virtual unsigned Execue() = 0;
    public:
        RunableThread()
        {
            hThread=NULL;
        }
        HANDLE Start()
        {
            return hThread = (HANDLE)_beginthreadex(NULL,0,RunableThread::ThreadProc,(
            LPVOID)this,// 传递 this 指针，然后使用这个指针去访问非静态成员 0,&thrdaddr);
        }
        int Close()
        {
```

```
            if(NULL!=hThread)
            {
                CloseHandle( hThread );
                hThread=NULL;
            }
            return 0;
        }
        ~RunableThread()
        {
            Close();
        }
};
#endif
```

代码 10-2

```
// Buffer.h
#ifndef Buffer_h
#define Buffer_h
#ifndef _WINDOWS_
#include <windows.h>//为 MFC 提供兼容性
#endif
#include <conio.h>
#include <process.h>
#include <winbase.h>
/* 在类中启动类的实例的线程的基本结构已经在这个类中写好，要写一个能够启动自身实例线程的类，只需
要用 public 的方式继承此类，然后重写 Execue 方法，此方法的核心思想是将 this 指针传递给静态函数，
然后静态函数通过指针启动类的实例的方法函数
 */
class Buffer
{
    protected:
        HANDLE *mutexUse;              //每一个 buffer 读写的时候使用
        HANDLE *mutexUnUse;            //每一个 buffer 读写的时候使用
        int bufferNumber;              //共有多少个存储数据的槽
        char** buffer;                 //存储数据的地方
        int bufferSize;                //槽的大小
    public:
        Buffer()
        {
            mutexUse = new HANDLE[1];
            mutexUnUse = new HANDLE[1];
            bufferNumber = 1;
            buffer = new char*[bufferNumber];
            bufferSize = 1;
            for(int i=0;i<bufferNumber;i++)
            {
                buffer[i] = new char[bufferSize];
                mutexUse[i] = CreateSemaphore(NULL,0,1,NULL);//初值 0
                mutexUnUse[i] = CreateSemaphore(NULL,1,1,NULL);//初值 1
            }
        }
        ~Buffer()
        {
            int i=0,j=0;
            if(NULL != mutexUse)
            {
```

```
        for(i=0;i<bufferNumber;i++)
        {
            if(NULL != mutexUse[i])
            {
                CloseHandle(mutexUse[i]);
            }
        }
        delete [] mutexUse;
    }
    if(NULL != mutexUnUse)
        {
            for(i=0;i<bufferNumber;i++)
            {
                if(NULL != mutexUnUse[i])
                {
                    CloseHandle(mutexUnUse[i]);
                }
            }
            delete [] mutexUnUse;
        }
        if(NULL != buffer)
        {
            for(i=0;i<bufferNumber;i++)
            {
                if(NULL != buffer[i])
                    delete [] buffer[i];
            }
            delete [] buffer;
        }
    }
    //初始化 buffernumber 个缓冲区，每个缓冲区大小为 buffersize
    int Init(int bufferNumber,int bufferSize)
    {
        int i=0,j=0;
        if(NULL != mutexUse)
        {
            for(i=0;i<this->bufferNumber;i++)
            {
                if(NULL != mutexUse[i])
                {
                    CloseHandle(mutexUse[i]);
                }
            }
            delete [] mutexUse;
        }
        if(NULL != mutexUnUse)
        {
            for(i=0;i<this->bufferNumber;i++)
            {
                if(NULL != mutexUnUse[i])
                {
                    CloseHandle(mutexUnUse[i]);
                }
            }
            delete [] mutexUnUse;
        }
        if(NULL != buffer)
```

```
{
    for(i=0;i<this->bufferNumber;i++)
    {
        if(NULL != buffer[i])
            delete [] buffer[i];
    }
    delete [] buffer;
}
mutexUse = new HANDLE[bufferNumber];
mutexUnUse = new HANDLE[bufferNumber];
this->bufferNumber = bufferNumber;
buffer = new char*[bufferNumber];
this->bufferSize = bufferSize;
for(i=0;i<bufferNumber;i++)
{
    buffer[i] = new char[bufferSize];
    mutexUse[i] = CreateSemaphore(NULL,0,1,NULL);//初值0
    mutexUnUse[i] = CreateSemaphore(NULL,1,1,NULL);//初值1
}
return 0;
}
int Read(char *recBuffer,int recBufferLen)//读操作
{
    DWORD slot = WaitForMultipleObjects(bufferNumber,mutexUse,
        FALSE,INFINITE);//等一个已经填充的槽
    slot -= WAIT_OBJECT_0;
    int i=0;
    for(i=0 ; i<bufferSize-1 &&i<recBufferLen ; i++)
    {
        if(buffer[slot][i] != '\0')
        {
            recBuffer[i] = buffer[slot][i];
        }else{
            recBuffer[i] = '\0';
            break;
        }
    }
    recBuffer[i] = '\0';
    ReleaseSemaphore(mutexUnUse[slot],1,NULL);   //将槽的状态设置为可用(空)
    return i;
}
int Write(char *inBuffer,int inBufferLen)       //写操作
{
    DWORD slot =
WaitForMultipleObjects(bufferNumber,mutexUnUse,FALSE,INFINITE);
//等一个已经空了的槽
    slot -= WAIT_OBJECT_0;
    int i=0;
    for(i=0 ; i<bufferSize-1 &&i<inBufferLen ; i++)
    {
        if(inBuffer[i] != '\0')
        {
            buffer[slot][i] = inBuffer[i];
        }else{
            buffer[slot][i] = '\0';
            break;
        }
    }
```

```
            buffer[slot][i] = '\0';
            ReleaseSemaphore(mutexUse[slot],1,NULL);//将槽的状态设置为满
            return i;
        }
};
#endif
```

代码　10-3

```
// Consumer.h
#include <stdio.h>
#include <stdlib.h>
#include <time.h>
#include <string.h>
#include "RunableThread.h"
#include "Buffer.h"
#ifndef Consumer_h
#define Consumer_h
class Consumer:public RunableThread
{
    private:
        Buffer* bf;
        FILE* fp;
    protected:
        unsigned Execue()
        {
            char buffer[20];
            while(1)
            {
                bf->Read(buffer,20);
                if(0 == strcmp(buffer,"exit"))
                    break;// 等待控制字符结束
                fprintf(fp,"Consumer Received:%s\n",buffer);
            }
            return 0L;
        }
    public:
        Consumer()
        {
            this->bf = NULL;
            fp = NULL;
        }
        Buffer* Init(Buffer *bf,FILE* fp)
        {
            Buffer* hold = this->bf=bf;
            this->bf = bf;
            this->fp = fp;

            return hold;
        }
};
#endif
```

代码　10-4

```
// Producer.h
#include <iostream>
```

```
#include <stdlib.h>
#include <time.h>
#include "RunableThread.h"
#include "Buffer.h"
#ifndef Producer_h
#define Producer_h
class Producer:public RunableThread
{
    private:
        Buffer* bf;
        FILE *fp;
    protected:
        unsigned Execue()
        {
            char buffer[20];
            rewind(fp);
            while(NULL != fgets(buffer,20,fp))
            {
            bf->Write(buffer,20);
            }
                return 0L;
        }
    public:
        Producer()
        {
            this->bf = NULL;
        }
        Buffer* Init(Buffer *bf,FILE* fp)
        {
            Buffer* hold = this->bf=bf;
            this->bf = bf;
            this->fp = fp;
            return hold;
        }
};
#endif
```

代码 10-5

```
// Driver.cpp
#include <stdio.h>
#include <iostream>
#include <conio.h>
#include <process.h>
#include "RunableThread.h"
#include "Buffer.h"
#include "Producer.h"
#include "Consumer.h"
#include "stdlib.h"
int main(int argc,char *argv[])
{
    int i=0,j=0,k=0;
    Buffer b3;
    Consumer cs[8];          //8个消费
    HANDLE hcs[8];           //保存消费线程句柄
    Producer ps[4];          //4个生产
    HANDLE hps[8];           //保存生产线程句柄
```

```
    FILE *fps[4] = {NULL};  //四个 producer 文件结构
    FILE *fpc[8] = {NULL};  //八个 consumer 文件结构
    //初始化
    char commonBuffer[50] = {'\0'};
    for(i=0;i<4;i++)
    {
        sprintf(commonBuffer,"source%d.txt",i);//将 sourcei.txt 的文本放进 buffer
        fps[i] = fopen(commonBuffer,"r");   //读 buffer
    }
    //创建 consumer.txt
    for(i=0;i<8;i++)
    {
        sprintf(commonBuffer,"consumer%d.txt",i);
        fpc[i] = fopen(commonBuffer,"w+");  //写 buffer
    }
    b3.Init(3,30);  //3 个缓冲，大小为 30
    for(i=0;i<8;i++)
    {
        //fpc 指向缓冲区也就是消费者进程指向缓冲区
        cs[i].Init(&b3,fpc[i]);
    }
    for(i=0;i<4;i++)
    {
        //fps 指向缓冲区，生产者进程进入缓冲区
        ps[i].Init(&b3,fps[i]);
    }
    for(i=0;i<8;i++)
    {
        //创建 8 个消费者线程
        hcs[i] = cs[i].Start();
    }
    for(i=0;i<4;i++)
    {
        //创建四个生产者线程
        hps[i] = ps[i].Start();
    }
    WaitForMultipleObjects(4,hps,TRUE,INFINITE);//等生产者结束
    for(i=0;i<4;i++)//生产者读完后关闭文件
    {
        fclose(fps[i]);
    }
    for(i=0;i<8;i++)
    {
        b3.Write("exit",strlen("exit"));
    }
    WaitForMultipleObjects(8,hcs,TRUE,INFINITE);//等消费者结束
    for(i=0;i<8;i++)//生产者读完后关闭文件
    {
        fclose(fpc[i]);
    }
    return 0;
}
```

读写者模型代码与生产者消费者问题中的 RunableThread.h 相同，见代码 10-1。

代码　10-6

```
// Writer.h
#include <iostream>
#include <stdlib.h>
#include <time.h>

#include "RunableThread.h"
#include "RwLock.h"

#ifndef Writer_h
#define Writer_h

class Writer:public RunableThread
{
    private:
        RwLock *lock;
        int *buffer;

    protected:
        unsigned Execue()
        {
            if(NULL == this->lock)
                return 0L;
            srand(time(0));

            int readerCon=lock->WriteLock(-1);
            Sleep(rand()%100);////////////显示

            *buffer += 1;
            std::cout<<"Write: buffer="<<*buffer<<".\n";

            Sleep(rand()%100);//////////
            lock->WriteUnlock();
            return 0L;
        }

    public:
        Writer(RwLock *lock)
        {
            this->lock=lock;
        }

        Writer()
        {
            this->lock=NULL;
            buffer = NULL;
        }

        HANDLE Init(RwLock *lock,int *buffer)
        {
            HANDLE hold = this->lock;
            this->lock = lock;
            this->buffer = buffer;
            return hold;
        }
};

#endif
```

代码 10-7

```
// Reader.h
#include <iostream>
#include <stdlib.h>
#include <time.h>
#include "RunableThread.h"
#include "RwLock.h"
#ifndef Reader_h
#define Reader_h

//使用子类自身的属性去重写 Execue 函数
class Reader:public RunableThread
{
    private:
        RwLock *lock;
        int *buffer;

    protected:
        unsigned Execue()
        {
            if(NULL == this->lock)
                return 0L;
            srand(time(0));

                int readerCon=lock->ReadLock(-1);
                Sleep(rand()%100);////////////

                std::cout<<"Reader"<<readerCon<<":"<<*buffer<<"\n";//此处会看到多个线程
                    并发地向输出流中进行写操作的后果，会观察到输出序列混乱
                Sleep(rand()%100);////////////

                lock->ReadUnlock();
                return 0L;
        }

    public:
        Reader(RwLock *lock)
        {
            this->lock=lock;
            buffer = NULL;
        }

        Reader()
        {
            this->lock=NULL;
        }

        HANDLE Init(RwLock *lock,int *buffer)
        {
            HANDLE hold = this->lock;
            this->lock = lock;
            this->buffer = buffer;
            return hold;
        }
};

#endif
```

代码　10-8

```
// Rwlock.h
#ifndef RwLock_h
#define RwLock_h
#ifndef _WINDOWS_
#include <windows.h>//为MFC提供兼容性
#endif
#include <conio.h>
#include <process.h>

//使用子类自身的属性去重写Execue函数
class RwLock//该程序对于time!=INFINITE的等待会造成死锁，需要将计数器增加的操作改变位置
{
private:
    //读者、写者进程计数
    int rCounter,wCounter;
    //Handle to an object. 句柄实际上是一个数据，是一个Long（整长型）的数据，占用系统资源
    HANDLE mut,sem,write;
public:
    //读写锁初始化
    RwLock()
    {
        //读者、写者进程计数置零
        rCounter=wCounter=0;
        //创建临界资源mut、sem、write
        mut = CreateSemaphore(NULL,1,1,NULL);
        sem = CreateSemaphore(NULL,1,1,NULL);
        write = CreateSemaphore(NULL,1,1,NULL);
    }
    //读写锁析构
    ~RwLock()
    {
        rCounter=wCounter=0;
        //所有的内核对象（包括线程Handle）都是系统资源，用了要还的，也就是说用完后一定要
          closehandle关闭之
        CloseHandle(mut);
        CloseHandle(sem);
        CloseHandle(write);
    }
    //读锁函数
    int ReadLock(int time=INFINITE)//-1表示INFINITE
    {
        int timer=INFINITE;
        if(time>=0)
            timer=time;
        //WaitForSingleObject函数用来检测hHandle事件的信号状态，
        //当函数的执行时间超过dwMilliseconds就返回，
        //但如果参数dwMilliseconds为INFINITE时函数将直到相应时间事件变成有信号状态才返回，
        否则就一直等待下去，直到WaitForSingleObject有返回直才执行后面的代码
        WaitForSingleObject(mut,INFINITE);
        WaitForSingleObject(sem,INFINITE);

        WaitForSingleObject(write,0);//置位返回
        //读者进程加1
        rCounter += 1;
        //释放临界资源
        ReleaseSemaphore(sem,1,NULL);
```

```
        ReleaseSemaphore(mut,1,NULL);

        return rCounter;
    }
    //写锁函数（大体和读锁相同）注意到差别的地方
    int WriteLock(int time=INFINITE)//-1 表示 INFINITE
    {
        int timer=INFINITE;
        if(time>=0)
            timer=time;

        WaitForSingleObject(mut,INFINITE);
        WaitForSingleObject(write,INFINITE);

        wCounter += 1;

        return wCounter;
    }
    //读者释放锁
    int ReadUnlock()
    {
        return 0;
    }
    //只允许一个 writer，所以当 writer 退出时，释放临界资源，可读可写
    int WriteUnlock()
    {
        return 0;
    }
};

#endif
```

代码 10-9

```
// Driver.h

#include <stdio.h>
#include <iostream>
#include <conio.h>
#include <process.h>

#include "RwLock.h"
#include "RunableThread.h"
#include "Reader.h"
#include "Writer.h"

#include "stdlib.h"

//本程序将演示互斥读写的重要性以及不加控制地向输出流中进行输出所导致的输出序列混乱
void main()
{
    RwLock lock1;                       //创建一个读写锁

    Reader re[600];                     //读者
    Writer wr[25];                      //写者
    HANDLE rehs[600] = {NULL};          //读者句柄
    HANDLE wrhs[25] = {NULL};           //写者句柄
```

```
    int i=0,j=0,k=0,r=0;

    int buffer = 0;

    srand(time(0));

    for(i=0;i<600+25;i++)
    {
        r = rand()%2;

        if(0 == r)
        {
            if(j<25)
            {
                wr[j].Init(&lock1,&buffer);
                wrhs[j] = wr[j].Start();
                j+=1;
            }else{
                re[k].Init(&lock1,&buffer);
                rehs[k] = re[k].Start();
                k+=1;
            }
        }
        else{
           if(k<600)
            {
                re[k].Init(&lock1,&buffer);
                rehs[k] = re[k].Start();
                k+=1;
            }else{
                wr[j].Init(&lock1,&buffer);
                wrhs[j] = wr[j].Start();
                j+=1;
            }
        }
    }
    WaitForMultipleObjects(25,wrhs,TRUE,INFINITE);//等待所有写者都结束
    WaitForMultipleObjects(600,rehs,TRUE,INFINITE);//等待所有读者都结束

    getch();
}
```

第 11 章 银行家算法实验

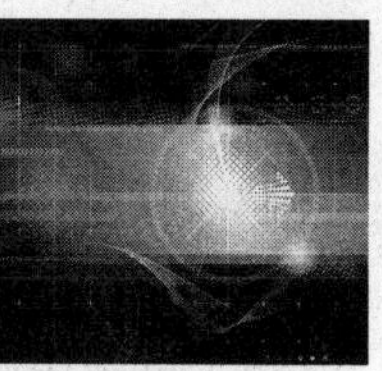

多个进程在竞争资源的过程中，有可能因为资源分配不当产生死锁。银行家算法是一种著名的避免死锁策略。本实验将在 VS 下编写程序，模拟计算机资源的调度，并实现银行家算法来避免死锁。

11.1 实验目的

通过本章的实验，读者应达到如下要求：

1）理解死锁的概念，了解导致死锁的原因。

2）掌握死锁的避免方法，理解安全状态和不安全状态的概念。

3）理解银行家算法，并应用银行家算法避免死锁。

11.2 实验准备

1）掌握 VS 下开发调试程序的方法。

2）了解银行家算法的原理。

3）了解如何利用银行家算法避免不安全状态出现。

4）了解输入输出重定向的概念和简单的使用方法。

11.3 实验基本知识及原理

1. 基本概念

死锁：多个进程在执行过程中，因为竞争资源会造成相互等待的局面。如果没有外力作用，这些进程将永远无法向前推进。此时称系统处于死锁状态或者系统产生了死锁。

安全序列：对于一个进程序列 $\{P_1, \cdots, P_n\}$，如果对于每个进程 P_i（$1 \leqslant i \leqslant n$）以后尚需要的资源数量不超过系统当前剩余的资源量和所有进程 P_j（$j < i$）当前占用资源之和，则称序列 $\{P_1, \cdots, P_n\}$ 为一个安全序列。

安全状态：如果存在一个由系统中所有进程构成的安全序列 $P_1, \cdots, P_n$，则系统处于安全状态，安全状态一定是没有死锁发生。

不安全状态：在当前形式下不存在安全序列，则系统处于不安全状态。

2. 银行家算法

银行家算法：如果将操作系统的资源视为银行家管理的资金，进程向操作系统请求分配资源就好像用户向银行家贷款。操作系统可以像银行家一样，按照规则为进程分配资源，当进程首次申请资源时，要测试该进程对资源的最大需求量，如果系统现存的资源可以满足它的最大需求量，则按当前的申请量为其分配资源，否则就推迟分配。当进程在执行中继续申请资源时，先判断本次申请资源数是否超过了剩余资源的总量，如果资源数未超过剩余资源总量，则进行分配，否则推迟分配。

银行家算法的基本思想：分配资源之前，先判断系统是否处于安全状态，若处于安全状态则分配资源，否则不进行分配。该算法是典型的避免死锁算法。

（1）银行家算法的数据结构

1）可利用资源向量 Available：一个含有 m 个元素的数组，数组中每个元素代表一类可利用资源的数目，其初始值是系统中所配置的该类全部可用资源的数目，其数值随该类资源的分配和回收而动态地改变。如果 Available[j]=K，则表示系统中现有 R_j 类资源 K 个。

2）最大需求矩阵 Max：一个 $n \times m$ 的矩阵，它定义了系统中 n 个进程中的每一个进程对 m 类资源的最大需求。如果 Max[i,j]=K，则表示进程 i 需要 R_j 类资源的最大数目为 K。

3）分配矩阵 Allocation：一个 $n \times m$ 的矩阵，它定义了系统中每一类资源当前已分配给每一进程的资源数。如果 Allocation[i, j]=K，则表示进程 i 当前已分得 R_j 类资源的数目为 K。

4）需求矩阵 Need：一个 $n \times m$ 的矩阵，用以表示每一个进程尚需的各类资源数。如果 Need[i,j]=K，则表示进程 i 还需要 R_j 类资源 K 个，方能完成其任务。

（2）银行家算法的基本结构

设 Requesti 是进程 P_i 的请求向量，如果 Requesti[j]=K，表示进程 P_i 需要 K 个 R_j 类型的资源。当 P_i 发出资源请求后，系统按下述步骤进行检查：

1）如果 Requesti[j] ≤ Need[i,j]，便转向步骤 B；否则认为出错，因为它所需要的资源数已超过它所宣布的最大值。

2）如果 Requesti[j] ≤ Available[j]，则便转向步骤 C；否则，表示尚无足够资源，P_i 须等待。

3）系统试探着将资源分配给进程 P_i，并修改下面数据结构中的数值：

```
Available[j]=Available[j]-Requesti[j];
Allocation[i,j]=Allocation[i,j]+ Requesti[j];
Need[i,j]=Need[i,j]-Requesti[j];
```

4）系统在安全状态下执行，每次资源分配前都检查此次资源分配后系统是否仍处于安全状态。若处于安全状态，则将资源分配给进程 P_i；否则，本次试探分配行为作废，恢复原来的资源分配状态，让进程 P_i 等待。

11.4　实验说明

1）本实验将采用数组模型来模拟实现银行家算法。

2）本程序使用输入重定向的方式进行数据输入。

3）部分 API 说明：

```
void showdata();            //显示进程初始信息
void changedata(int i);     //对 i 进程进行资源分配，修改相应的信息
bool issafe();              //判断系统是否安全
```

4）实验数据如表 11-1 所示。

表 11-1　银行家算法测试数据

5	4		
2	0	1	1
0	1	2	1
4	0	0	3
0	2	1	0
1	0	3	0
1	2	0	3
0	1	3	1
1	1	0	2
1	3	2	0
2	0	1	3
1	2	2	2

数据说明：

第一行第一个数据 5 表示共有 5 个进程；第二个数据 4 表示每个进程需要 4 种资源（即为列数）；从第 2 ~ 6 行分别表示每个进程需要的资源数量；7 ~ 11 行表示每个资源已经占有的资源数量；12 行表示系统拥有资源的数量。

11.5　实验内容

1）实验步骤：创建 VS 工程 banker，将代码 2-5-1 添加到该工程中。

2）将测试数据

```
5 4
2 0 1 1
0 1 2 1
4 0 0 3
0 2 1 0
1 0 3 0
1 2 0 3
0 1 3 1
1 1 0 2
1 3 2 0
2 0 1 3
1 2 2 2
```

写入到文本文件 in（注意，无后缀）中。

3）阅读代码，根据银行家算法认真思考 int issafe() 函数的工作原理，以及该函数是如何生成一个安全序列的，是否有更高效的方法能实现同样的功能。

4）函数“void changedata(int i);”表示第 *i* 次完成资源分配，请实现该函数。

5）执行程序：

① 按下启动键 +R 键，输入 cmd 进入命令行窗口。

② 切换到 banker 工程的 debug 目录下，将之前写好的 in 文件放到该目录下。

③ 执行 bank < in (通过输入重定向实现数据的输入)。

④ 查看结果。

6）完成相应的实验报告。

11.6　实验总结

1）直接执行程序的结果如图 11-1 所示。

2）本实验的难点在于分析如何高效实现安全序列的查找，希望读者独立思考一下这个问题，并尝试修改 void issafe() 函数，提高实验效率。

```
E:\Code\bank>bank <in
系统目前可用的资源[Avaliable]:1 2 2 2
5个进程目前已经分配的资源Allocation有:
2 0 1 1
0 1 2 1
4 0 0 3
0 2 1 0
1 0 3 0
5个进程目前还需要资源Need为:
1 2 0 3
0 1 3 1
1 1 0 2
1 3 2 0
2 0 1 3
YES!
安全序列为: 2->0->1->3->4
```

图 11-1　测试结果图

11.7　实验报告及小组任务

1）实验报告见附录 A.5。

2）小组任务：使用 win32 API 实现多线程模拟银行家算法应用程序（参考流程图 11-2）。

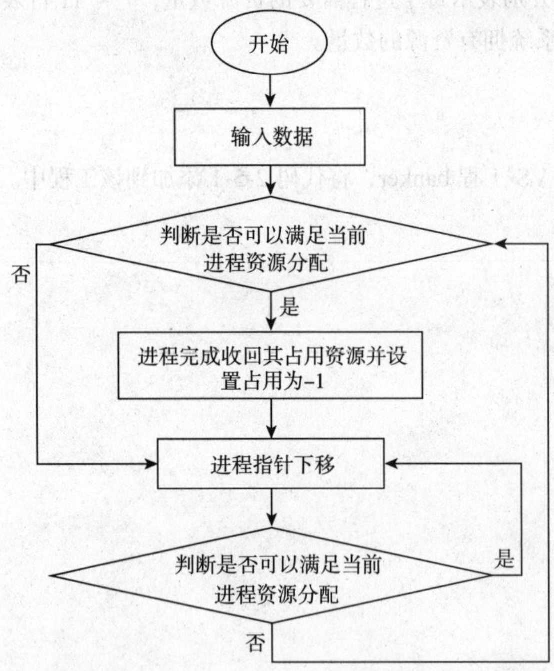

图 11-2　银行家算法流程图

11.8 参考代码

代码 11-1

```
#include<stdio.h>
#include<stdlib.h>
#define M 100
int Available[M]={0};                  //可用资源数组
int MAXP[M][M]={0};                    //最大需求矩阵
int Allocation[M][M]={0};              //分配矩阵
int Need[M][M]={0};                    //需求矩阵
int tem[M]={0};                        //存放安全序列
int Work[M]={0};                       //存放系统可提供资源
bool Finish[M];                        //系统是否有足够资源分配
int m=0;                               //进程数
int n=0;                               //资源数
void showdata();                       //显示进程初始信息
void changedata(int i);                //进行资源分配
int issafe();                          //判断是否为安全
int main()
{
    int i,j;
    scanf("%d %d\n",&m,&n);//m=4;n=3
    for(i=0;i<m;i++)                   //输入m个进程当前已分配的资源数量Allocation
    for(j=0;j<n;j++)
      scanf("%d",&Allocation[i][j]);
    for(i=0;i<m;i++)                   //输入m个进程当前还需要资源数量Need
    for(j=0;j<n;j++)
      scanf("%d",&Need[i][j]);
    for(j=0;j<n;j++)                   //输出目前可用的资源量&Available
      scanf("%d",&Available[j]);
    //0 1 1
showdata();                            //显示进程初始信息
int a=issafe();                        //判断系统是否安全
    if(a==1)
    {
        for(i=0;i<m;i++)
        {
            int k=tem[i];
            changedata(k);
            printf("*********** 第%d步资源分配后 ************\n",i+1);
            showdata();
        }
    }
    system("pause");
    return 0;
}
void changedata(int i)                 //进行资源分配
{


}
void showdata()
{
    int i,j;
    printf("系统目前可用的资源[Avaliable]:");
```

```
    for(i=0;i<n;i++)
       printf("%d ",Available[i]);
    printf("\n");
    printf("%d个进程目前已经分配的资源Allocation有：\n",m);
    for(i=0;i<m;i++)
    {
        for(j=0;j<n;j++)
          printf("%d ",Allocation[i][j]);
        printf("\n");}
    printf("%d个进程目前还需要资源Need为：\n",m);
    for(i=0;i<m;i++)
    {
        for(j=0;j<n;j++)
          printf("%d ",Need[i][j]);
        printf("\n");}
}
int issafe()
{
    int num=0;
    int i,j;
    for(i=0;i<m;i++)
        Work[i]=Available[i];        //建立一个 Available的副本
    for(i=0;i<n;i++)
    {
        Finish[i]=false;             //初始化Finish[]
    }
    for(i=0;i<m;i++)
    {
        if(Finish[i]==true)
          continue;
        else
        {
            for(j=0;j<n;j++)
            {
                if(Need[i][j]>Work[j])
                   break;
            }
            if(j==n)
            {
                Finish[i]=true;
                for(int k=0;k<n;k++)
                   Work[k]+=Allocation[i][k];
                tem[num]=i;          //记录目前的安全路径
                num++;
                i=-1;                //从第一个进程开始循环
            }
            else
              continue;
        }
    }
    if(num==m)
    {
        printf("YES!\n");
        printf("安全序列为：");
        for(i=0;i<num;i++)
```

```
        {
            printf("%d",tem[i]);
            if(i<num-1)
                printf("->");
        }
        printf("\n");
        return 1;
    }
    else
    {
        printf("NO!\n");
        return 0;
    }
}
```

代码 11-2

```
//大作业相关代码
#include <iostream>
#include <windows.h>
#include <stdio.h>
using namespace std;
#define P 5                           //默认 5 个进程
#define R 3                           //默认 3 种资源
HANDLE mutex;                         //互斥信号量，多个线程申请资源，只能有一个线程进行判断
int *available;
int **need;
int **allocation;
int **Max;
struct v
{
    int id;
    int *TP;
};
bool is_safe();
DWORD WINAPI request(LPVOID param)
{
    int i;
    WaitForSingleObject(mutex,INFINITE);// 多个线程申请资源，只能有一个线程进行判断
    struct v*data=(struct v*)param;
    //cout<<data->TP[0]<<data->TP[1]<<data->TP[2]<<endl;
    bool is_small=true;
    for (i=0;i<R;i++)        //request 超过 need 或 request 超过资源能够提供的，就不满足条件
    {
            //cout<<need[data->id][i]<<"  "<<available[i]<<endl;
            if ((data->TP[i]>need[data->id][i])|(data->TP[i]>available[i]))
            {
                is_small=false;
            }
    }
    //如果满足条件，判断是否安全
    if (is_small)
    {
            for (i=0;i<R;i++)//假设分配给它资源状态，判断是否安全
            {
```

```
                    available[i]-=data->TP[i];
                    allocation[data->id][i]+=data->TP[i];
                    need[data->id][i]-=data->TP[i];
            }

            if (is_safe())
            {
                    cout<<"\nP"<<data->id<<" Safe! Request can be satisfied"<<endl;
            }
            else//不安全，就恢复到原来状态
            {
                cout<<"P"<<data->id<<" Unsafe! Request can not be satisfied"<<endl;
                available[i]+=data->TP[i];
                allocation[data->id][i]-=data->TP[i];
                need[data->id][i]+=data->TP[i];
            }
    }
    else
    {
            cout<<"P"<<data->id<<" Request can not be satisfied, its request is larger
                than need"<<endl;
    }
    is_small=true;
    ReleaseSemaphore(mutex,1, NULL);
    return 0;
}
int main()
{
    mutex=CreateSemaphore(NULL,1,1,NULL);
    //默认5个进程、3种资源，以及默认赋予进程的一些资源
    int providion[R]={10,5,7};
    int initial[P][R*2]={{0,1,0,7,5,3},{2,0, 0,3,2,2},{3,0,2,9,0,2},{2,1,1,2,2,2},{0,0,
       2,4,3,3}};
    int req[P][R]={{0,2,0},{1,0,2},{4,0,0},{3,3,0},{3,3,0}};
    int i,j;
    //初始化Available矩阵
    available=(int *)malloc(R*sizeof(int));
    for (i=0;i<R;i++)
        available[i]=providion[i];
    //初始化Allocation矩阵
    allocation=(int **)malloc(P*sizeof(int *));
    for (j=0;j<P;j++)
        *(allocation+j)=(int *)malloc(R*sizeof(int));
    //初始化Max矩阵
    Max=(int **)malloc(P*sizeof(int *));
    for (j=0;j<P;j++)
        *(Max+j)=(int *)malloc(R*sizeof(int ));

    //初始化need矩阵
    need=(int **)malloc(P*sizeof(int *));
    for (j=0;j<P;j++)
        *(need+j)=(int *)malloc(R*sizeof(int));

    for (i=0;i<P;i++)
    {
```

```
        for (j=0;j<R;j++)
        {
                allocation[i][j]=initial[i][j];    //当前某个进程所分配的资源
                Max[i][j]=initial[i][j+R];         //某个进程最大需要的资源数
                need[i][j]=Max[i][j]-allocation[i][j]; //计算每个进程还需要多少资源
                available[j]-=allocation[i][j];    //计算分配某个进程资源后，可
                                                     用资源的情况

        }
    }
    cout<<"need 矩阵为 :"<<endl;
    for (i=0;i<P;i++)
    {
        for (j=0;j<R;j++)
        {
            cout<<need[i][j]<<" ";                  //输出当前每个矩阵所需要的资源
        }
        cout<<endl;
    }
    if (is_safe())
    {
            cout<<"\nsafe"<<endl;
    }

    HANDLE *ThreadHandle=(HANDLE *)malloc(P*sizeof(HANDLE));/*创建线程句柄，分配空间，5
        个线程    */
    for (i=0;i<P;i++)
    {
        struct v *param=(struct v *)malloc(sizeof(struct v));
        param->id=i;//标识每个线程
        param->TP=(int *)malloc(R*sizeof(int));
        for (j=0;j<R;j++)
            param->TP[j]=req[i][j];//将每个线程所申请的资源传进去
        //cout<<"**********"<<endl;
        ThreadHandle[i]=CreateThread(NULL,0,request,LPVOID(param),0,NULL);
    }

    WaitForMultipleObjects(P,ThreadHandle,TRUE,INFINITE);/*使每个线程在主线程执行完之前就
        结束*/
    return 0;
}
//判断是否处于安全状态
bool is_safe()
{
    int i,j;
    bool is_small=true;
    //初始化work矩阵
    int *work=(int *)malloc(R*sizeof(int));
    for (i=0;i<R;i++)
            work[i]=available[i];                 //当前不同种类资源有多少可以提供的
    //cout<<work[0]<<" "<<work[1]<<" "<<work[2]<<endl;
    //初始化finish矩阵
    bool *finish=(bool *)malloc(P*sizeof(bool));
    for (i=0;i<P;i++)
        finish[i]=false;
    //判断是否安全
```

```
for (i=0;i<P;i++)
{
    for (j=0;j<R;j++)
    {
        if(need[i][j]>work[j])//需要的资源超过所能提供的资源
            is_small=false;
    }
    if (finish[i]==false&&is_small)//资源能够被满足，并且还没被放入安全队列中去
    {
        for (j=0;j<R;j++)
        {
            work[j]+=allocation[i][j];/*找到这样一个进程，就可以释放付给它的资源继续判
                断*/
            finish[i]=true;
        }
        //cout<<work[0]<<" "<<work[1]<<" "<<work[2];
        cout<<" P"<<i<<" ";
        i=-1;//找到之后重新开始判断
    }
    else
    {
        if (i==P-1)/*如果已经判断到最后一个进程，而且也不满足条件，说明找不到这样的进程，
            跳出循环*/
        {
            break;
        }

    }
    is_small=true;
}
for (i=0;i<R;i++)
{
    if (finish[i]==false)
    {
        //cout<<"The current state is unsafe"<<endl;
        return false;//只要有一个不是true，就不安全
    }
    if (i==R-1&&finish[i]==true)
    {
        //cout<<"The current state is safe"<<endl;
        return true;//最后一个进程也是true，说明它是安全的
    }
}
}
```

第 12 章 内存管理实验

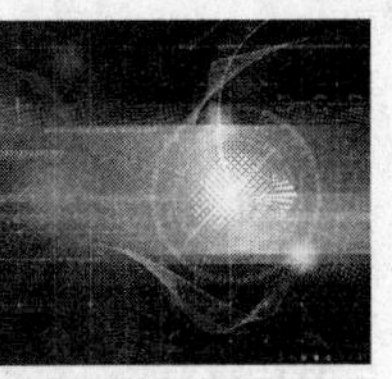

计算机的内存在不断增加，但是依然难以满足软件发展的需求，内存管理的好坏会直接影响操作系统的整体性能。本实验将讨论内存管理相关技术，读者将在本实验中编写程序，了解实现内存管理的方法。

12.1 实验目的

通过本章的实验，读者应达到如下要求：

1）了解 Windows XP/7 及 Linux 的内存管理机制。

2）掌握页面虚拟存储技术。

3）了解内存分配原理，特别是以页面为单位的虚拟内存分配方法。

4）学会使用 Windows XP/7 下内存管理的基本 API 函数。

5）了解进程中内存分配与虚内存分配的区别。

12.2 实验准备

1）实验环境：Windows XP+VS。

2）了解分段式和分页式内存管理理论知识。

3）熟悉通过 MSDN 等工具查找 API 函数的方法。

12.3 实验知识及基本原理

1. 程序的内存分配

（1）栈区

栈区（stack）由编译器自动分配、释放，用于存放函数的参数值、局部变量值等，其操作方式类似于数据结构中的栈。

（2）堆区

堆区（heap）由程序员分配、释放（使用 new/delete 或 malloc/free），若程序员未释放堆区，可能在程序结束时被操作系统回收。注意区分堆区和数据结构中的堆这两个概念，堆的分配方式与链表类似。

（3）全局区

全局区（static）用于存储全局变量和静态变量的区域。初始化的全局变量和静态变量存储于同一区域，未初始化的全局变量和静态变量存放在与初始化的全局变量和静态变量的相邻区域。程序结束后全局区由系统释放。

（4）文字常量区

文字常量区用于存放常量字符串的区域，程序结束后由系统释放。

（5）程序代码区

程序代码区用于存放函数体二进制代码的区域。

堆和栈的区别如表 12-1 所示。

表 12-1　堆和栈的区别

		栈	堆
区别	申请方式	系统自动分配	需要程序员向操作系统申请，并指明大小，在 C 语言中使用 malloc 函数来分配
	分配条件操作	若栈的剩余空间大于申请空间，则系统为程序分配内存；否则提示栈溢出	遍历链表（操作系统中用于记录空闲内存地址的链表），找到第一个空间大于申请空间的堆节点，将该节点从链表中删除，并将该节点对应的存储空间分配给程序
	申请大小限制	在 Windows 下，栈是向低地址扩展的数据结构，是一块连续的内存区域，即栈顶的地址和栈的最大容量是系统预先规定好的；在 Windows 下，栈的大小是由编译器决定，通常为 1M，如果申请的空间超过栈的剩余空间时，将提示溢出，因此，能从栈获得的空间较小	堆是向高地址扩展的数据结构，系统通过链表结构来组织，因此是不连续的内存区域。遍历方向是由低地址向高地址。堆的大小受限于计算机系统中有效的虚拟内存。由此可见，堆获得的空间比较灵活，容量也比较大
	申请效率	系统自动分配，速度较快，程序员无法控制	由 new 分配内存，使用方便，但是速度较慢，且容易产生内存碎片

2. Windows 系统存储器管理相关知识

（1）页面文件

页面文件以磁盘文件的形式来存储没有装入内存的程序和数据文件部分，文件名为 pagefile.sys，默认安装在系统盘的根目录下，属性为系统隐藏文件。通过系统设置可以使页面文件位于非系统盘的根目录下。

（2）虚拟内存

页面文件和物理内存共同构成"虚拟内存"，必要情况下，Windows 操作系统可将数据从页面文件移至内存，或将数据从内存移至页面文件，以便为新数据释放内存空间。

（3）Windows 的虚拟存储技术

Windows 采用分页存储方式实现虚拟内存技术，利用页面文件在内存中的调入调出实现物理内存的扩展。

（4）虚拟内存的页面状态

1）提交页面：已经分得物理存储的虚拟地址页面，通过设定该区域的属性可对其加以保护。

2）保留页面：逻辑页面已分配，但尚未分配物理存储页面，即为某些进程保留的一部分虚拟地址。

3）空闲页面：可以保留或提交的可用页面，对当前的进程是不可存取的。

（5）页面操作

1）保留：保留进程的虚拟地址空间，而不分配物理存储空间。

2）释放：全部释放物理存储和虚拟地址空间。

3）提交：为进程的虚拟地址分配物理存储空间，可以对处于空闲、保留、提交状态的页面进行提交操作。

4）回收：释放物理内存空间，保留虚拟地址空间。

5）加锁：对已提交的页面进行加锁，使得页面常驻内存而不会产生缺页现象。

6）解锁：对已加锁的页面进行解锁操作。

3. Linux 系统知识

（1）地址空间

Linux 采用的是 32 位线性地址模式，将内存物理空间映射到虚拟地址空间。在 32 位线性地址的 4G 虚拟空间中，从 0XC0000000 到 0XFFFFFFFF，有 1G 作为内核空间。每个进程都有自己的 3G 用户空间，它们共享 1G 的内核空间。

（2）地址映射

不管是用户程序还是系统内核程序，在运行之前必须先装入物理内存，而 Linux 中的所有程序都是通过虚地址表示的。因此，建立物理地址空间和虚地址空间的映射关系及完成从虚地址到物理地址的转换，是内存管理单元必须处理的事情。

（3）Linux 虚拟内存管理

1）虚拟内存的实现机制如图 12-1 所示。

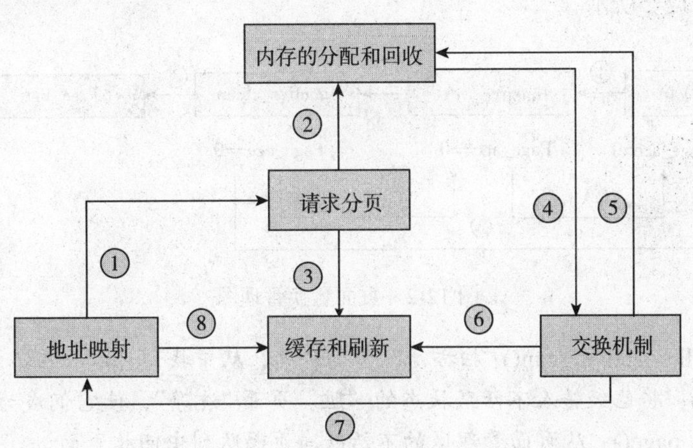

图 12-1　虚拟内存的实现机制

2）请求分页：首先由内存管理程序通过映射机制将用户程序的逻辑地址映射到物理地址，在用户程序运行时，如果发现程序中要用的虚拟地址没有对应的物理地址，就发出请求分页要求①，如果有空闲的内存可供分配，就请求分配内存②，并将正在使用的物理页记录在页缓存中③，如果没有足够的内存分配，就调用交换机制，腾出一部分内存④⑤。另外，在地址映射中要通过 TLB（翻译后援存储器）来寻找物理页⑧，交换机制中要用到交换缓存⑥，并且将物理页内容交换到交换文件中也要修改页表来映射文件地址⑦。

3）进程地址映射的数据结构：

- mm_struct 用来描述一个进程的虚拟内存。
- vm_area_struct 用来描述一个进程的虚拟地址区域，该区域中所有的页有部分相同的属性和相同的访问权限。
- page 用来描述一个具体的物理页面。

4）进程的内存分配：当进程通过系统调用动态分配内存时，Linux 首先分配一个 vm_area_struct 结构，并链接到进程的虚拟内存链表，当后续指令访问这一内存区域时，产生缺页异常。系统处理时，通过分析缺页原因、操作权限，如果页面在交换文件中，则进入 do_page_fault() 中恢复映射的代码，重新建立映射关系；否则，Linux 会分配新的物理页，并建立映射关系。

5）换页策略：当物理内存不足时，就需要换出一些页面。Linux 采用 LRU（Least Recently Used，最近最少使用）页面置换算法选择需要从系统中换出的页面。系统中每个页面都有一个 age 属性，这个属性会在页面被访问时改变。Linux 根据这个属性选择要回收的页面，同时为了避免页面“抖动”（即刚释放的页面又被访问），将页面的换出和内存页面的释放分两步来做，而在真正释放时只写回“脏”页面。这一任务由交换守护进程 kswapd 完成。free_pages_high、free_pages_low 是衡量系统中现有空闲页的标准，当系统中空闲页的数量少于 free_pages_high，甚至少于 free_pages_low 时，kswapd 进程会采用 3 种方法来减少系统正在使用的物理页的数量：①调用 shrink_mmap() 减少 buffercache 和 page cache 的大小；②调用 shm_swap() 将 system V 共享内存页交换到物理内存；③调用 swap_out() 交换或丢弃页。页面置换管理图如图 12-2 所示。

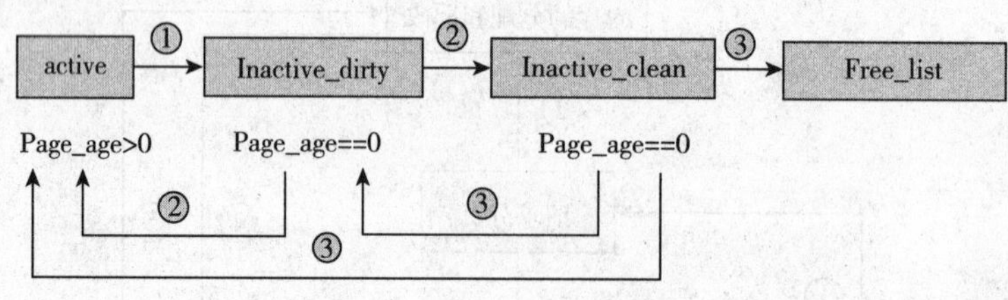

图 12-2 页面置换管理图

注意：① refill_inactive_scan()：扫描活跃页面队列，从中找到可以转入不活跃状态的页面；② page_launder()：将已经转入不活跃状态的“脏”页面“洗净”，使它们成为立即可以分配的页面；③ reclaim_page()：从页面管理区的不活跃净页面队列中回收页面。

12.4 实验说明

1. Windows 内存管理

Windows 内存管理程序采用 VS 编译器编译。程序最初执行时并没有给地址指针 BASE_PTR 赋初值，所以在前几次随机的虚存模拟活动中可能导致动作失败，但这不影响程序功能的实现。

2. Window 系统 API 函数

1）GlobalMemoryStatus：获取存储系统的概况及程序存储空间的使用状况。

```
void GlobalMemoryStatus(LPMEMORYSTATUS lpBuffer )
```

GlobalMemoryStatus 是本实验重要的 API 函数，该函数无返回值，参数是一个指向名为 MEMORYSTATUS 的结构的指针。函数的返回信息会被存储在 MEMORYSTATUS 结构中。

2）VirtualQuery：查询一个进程的虚拟内存。

```
DWORD VirtualQuery(
    LPCVOID lpAddress,                          // 指向查询页区域基地址的指针
    PMEMORY_BASIC_INFORMATION  lpBuffer,        // 查询信息返回到该缓冲区中
    SIZE_T   dwLength                           // lpBuffer 指向缓冲区的大小
);
```

3）_beginthreadex：创建新线程执行指定的可执行模块。

4）VirtualAlloc：保留或提交某一范围的虚拟地址。

```
LPVOID VirtualAlloc(
    LPVOID lpAddress,                 //分配内存区域的地址
    SIZE_T  dwSize,                   //要分配或者保留区域的大小
    DWORD flAllocationType,
    //分配类型，页面状态（类型）：MEM_COMMIT 或 MEM_RESERVE
    DWORD flProtect                   //页面属性，指定了被分配区域的访问保护方式
);
```

返回值：如果调用成功则返回分配的首地址；否则返回 NULL。可通过 GetLastError 函数来获取错误消息。

5）VirtualFree：解除已被提交的或者释放被保留（或提交）的进程虚拟地址空间。

```
BOOL VirtualFree (
   LPVOID lpAddress,                 //要释放的页面区域的地址
   SIZE_T  dwSize,                   //区域大小
   DWORD dwFreeType                  //类型
);
```

其中，dwFreeType 参数的内容如下：

- MEM_DECOMMIT：取消 VirtualAlloc 提交的页。
- MEM_RELEASE：释放指定页。如果指定了这个类型而 dwSize 设置为 0，则函数调用会失败。
- 返回值：如果调用成功则返回一个非 0 值；否则返回 0。

6）VirtualProtect：改变虚拟内存页的保护方式（所操作的区块必须是由同一次分配动作保留或提交的区块）。

```
BOOL VirtualProtect(
   LPVOID lpAddress,                 //目标地址起始位置
   SIZE_T dwSize,                    //要变更的记忆体分页区域的大小
   DWORD flNewProtect,               //请求的保护方式
   PDWORD lpflOldProtect
   // 输出参数，指向保护原保护属性值的 DWORD 变量，可以为 NULL
);
```

返回值：返回 BOOL 值表示是否成功，可以使用 GetLastError 函数获取错误代码。

7）VirtualLock 与 VirtualUnlock。

- VirtualLock：对虚拟内存页加锁以保证对它们的使用不会出现缺页现象。

```
VirtualLock(
    LPVOID lpAddress,
```

```
    SIZE_T dwSize
);
```

❑ VirtualUnlock：对加锁的虚拟内存页解锁。

```
VirtualUnlock(
    LPVOID lpAddress,
    SIZE_T dwSize
);
```

3. 相关数据结构

1）相关数据结构：Actnum 和 BASE_PTR。

❑ Actnum：指示器，通过它实现两个线程的同步和信息传递。初始化为 0，模拟线程将 0 值改变为一个 1~6 的随机数，监视线程恢复它的初值 0。

❑ BASE_PTR：地址指针，记录虚存分配操作时返回的虚存起始地址，程序初始执行时并没有赋初值，所以在开始几次随机的虚存模拟活动中可能导致动作失败。

2）存储系统的统计指标：A 系统虚拟和物理内存的指标。

3）内存状态与内存基本信息：

内存状态：

```
typedef struct _MEMORYSTATUS {          // mst
    DWORD dwLength;                     // sizeof(MEMORYSTATUS)
    DWORD dwMemoryLoad;                 // percent of memory in use
    DWORD dwTotalPhys;                  // bytes of physical memory
    DWORD dwAvailPhys;                  // free physical memory bytes
    DWORD dwTotalPageFile;              // bytes of paging file
    DWORD dwAvailPageFile;              // free bytes of paging file
    DWORD dwTotalVirtual;               // user bytes of address space
    DWORD dwAvailVirtual;               // free user bytes
} MEMORYSTATUS, *LPMEMORYSTATUS;
```

内存基本信息：

```
_MEMORY_BASIC_INFORMATION {
    PVOID   BaseAddress;
    PVOID   AllocationBase;
    DWORD AllocationProtect;            // 页面属性
    SIZE_T   RegionSize;
    DWORD State;                        // 页面状态
    DWORD Protect;                      // 取值可能与 AllocationProtect 相同
    DWORD Type;                         // 内存块类型
} MEMORY_BASIC_INFORMATION, *PMEMORY_BASIC_INFORMATION;
```

其中表示页面状态的变量 State 共有三种取值：

提交状态：MEM_COMMIT

释放状态：MEM_FREE

保留状态：MEM_RESERVE

表示内存块类型的变量 Type 共有三种取值：

镜像：MEM_IMAGE

映射：MEM_MAPPED

私有：MEM_PRIVATE

表示页面属性的变量 AllocationProtect 共有六种取值：

只读：PAGE_READONLY
只读写：PAGE_READWRITE
可执行：PAGE_EXECUTE
可执行和读取：PAGE_EXECUTE_READ
可执行读写：PAGE_EXECUTE_READWRITE
不允许存储：PAGE_NOACCESS

12.5 实验内容

1）运行 VS，创建工程，并导入 virtumem.cpp 文件。
2）再次编译，通过后直接在 VS 下运行，观察输出结果，确信六种虚存操作都出现过。
3）看懂程序，要求另写一段小程序，获得当前系统的存储空间使用概况。
4）编译、运行小程序，观察结果。
5）打开 memoryAlloc.cpp。
6）运行 VS，直接编译 memoryAlloc.cpp，创建了一个工程。
7）编译、运行小程序，观察结果。

12.6 实验总结

本实验的重点是使读者掌握 Windows 平台下的内存管理机制并学会 Windows 平台下提供的若干存储器管理接口的使用方法；本实验中，对 Linux 下的存储管理也有所提及，读者可以参考学习，以比较两种系统下存储管理的异同之处。

12.7 实验报告及小组任务

1）实验报告见附录 A.6。
2）小组任务：根据实验课提供的 Windows 虚拟内存管理代码以及相关 Linux 内存管理知识在 Linux 系统下完成同样功能程序。

12.8 参考代码

代码　12-1

```
//内存管理
// virtumem.cpp
#include <windows.h>
#include <stdio.h>
#include <process.h>
#include <time.h>
unsigned _stdcall simulator(void *);
unsigned _stdcall inspector(void *);
LPVOID BASE_PTR;
int Actnum=0;
int main(int argc,  char* argv[])
{
   unsigned ThreadID[2];
```

```
    int i=0;
    _beginthreadex(NULL, 0, simulator, NULL, 0, &ThreadID[0]);
    _beginthreadex(NULL, 0, inspector, NULL, 0, &ThreadID[1]);
    getchar();
    return 0;
}
unsigned _stdcall simulator(void *)
{
    DWORD OldProtect;
    int randnum;
    printf("Now the simulator procedure has been started.\n");
    srand((unsigned)time(NULL));
    randnum=-1;
    while(1)
    {
        Sleep(500);
        while(Actnum!=0)
        {
            Sleep(500);
        }

        randnum=7&rand();
        switch(randnum)
        {
        case 0:
            if (BASE_PTR=VirtualAlloc(NULL, 1024*32, MEM_RESERVE|MEM_COMMIT, PAGE_
                READWRITE))
            {
                sprintf((char*)BASE_PTR,"memory has been malloced\n");/* 分配了内存就相当
                    于 malloc 或者 new 操作一样了，可以写了 */
                Actnum=1;
            }
            break;
        case 1:
            if (VirtualFree(BASE_PTR, 1024*32, MEM_DECOMMIT))
            {
                Actnum=2;
            }
            break;
        case 2:
            if (VirtualFree(BASE_PTR, 0, MEM_RELEASE))
            {
                Actnum=3;
            }
            break;
        case 3:
            if (VirtualProtect(BASE_PTR, 1024*32, PAGE_READONLY, &OldProtect))
            {
                Actnum=4;
            }
            break;
        case 4:
            if (VirtualLock(BASE_PTR, 1024*12))
            {
                Actnum=5;
```

```
            }
            break;
        case 5:
            if (BASE_PTR=VirtualAlloc(NULL, 1024*32, MEM_RESERVE, PAGE_READWRITE))//仅
                仅是保留地址，没有分配
            {
                Actnum=6;
            }
            break;
        default:
            break;
        }
    }
    return 0;
}
unsigned _stdcall inspector(void *)
{
    char para1[3000];
    char tempstr[100];
    MEMORYSTATUS Vmeminfo;
    MEMORY_BASIC_INFORMATION inspectorinfo1;
    int QuOut=0;
    int structsize = sizeof(MEMORY_BASIC_INFORMATION);
    printf("Hi,  now inspector begin to work\n");
    while(1)
    {
        Sleep(1000);
        if(Actnum!=0)
        {
            switch(Actnum)
            {
            case 1:printf((char*)BASE_PTR);//将写的信息输出
                            memset(&inspectorinfo1, 0, structsize);
    VirtualQuery((LPVOID)BASE_PTR, &inspectorinfo1, structsize);
                            strcpy(para1, "目前执行动作：虚存的保留与提交\n");
                            break;
            case 2: memset(&inspectorinfo1, 0, structsize);
    VirtualQuery((LPVOID)BASE_PTR, &inspectorinfo1, structsize);
                            strcpy(para1, "目前执行动作：虚存的除配\n");
                            break;
            case 3:memset(&inspectorinfo1, 0, structsize);
    VirtualQuery((LPVOID)BASE_PTR, &inspectorinfo1, structsize);
                            strcpy(para1, "目前执行动作：虚存的除配并释放虚存空间\n");
                            break;
            case 4: memset(&inspectorinfo1, 0, structsize);
    VirtualQuery((LPVOID)BASE_PTR, &inspectorinfo1, structsize);
                            strcpy(para1, "目前执行动作：改变虚存内存页的保护\n");
                            break;
            case 5: memset(&inspectorinfo1, 0, structsize);
    VirtualQuery((LPVOID)BASE_PTR, &inspectorinfo1, structsize);
                            strcpy(para1, "目前执行动作：锁定虚存内存页\n");
                            break;
            case 6:memset(&inspectorinfo1, 0, structsize);
    irtualQuery((LPVOID)BASE_PTR, &inspectorinfo1, structsize);
                            strcpy(para1, "目前执行动作：虚存的保留\n");
```

```
            break;
        default:
            break;
        }
            sprintf(tempstr, "开始地址：0X%x\n",
inspectorinfo1.BaseAddress);
        strcat(para1, tempstr);
        sprintf(tempstr, "区块大小：0X%x\n", inspectorinfo1.RegionSize);
        strcat(para1, tempstr);
        sprintf(tempstr, "目前状态：0X%x\n", inspectorinfo1.State);
        strcat(para1, tempstr);
        sprintf(tempstr, "分配时访问保护：0X%x\n",
inspectorinfo1.AllocationProtect);
        strcat(para1, tempstr);
        sprintf(tempstr, "当前访问保护：0X%x\n", inspectorinfo1.Protect);
        strcat(para1, tempstr);
        strcat(para1, "(状态：10000代表未分配；1000代表提交；2000代表保留；)\n");
        strcat(para1, "(保护方式：0代表其他；1代表禁止访问；2代表只读；4代表读
            写；\n10代表可执");
        strcat(para1, "行；20代表可读和执行；40代表可读写和执行)；\n****************
            ****************\n");
    GlobalMemoryStatus(&Vmeminfo);
        strcat(para1, "当前整体存储统计如下\n");
        sprintf(tempstr, "物理内存总数：%ld(BYTES)\n",
    Vmeminfo.dwTotalPhys);
        strcat(para1, tempstr);
        sprintf(tempstr, "可用物理内存：%ld(BYTES)\n",
    Vmeminfo.dwAvailPhys);
        strcat(para1, tempstr);
        sprintf(tempstr, "页面文件总数：%ld(KBYTES)\n",
    Vmeminfo.dwTotalPageFile/1024);
        strcat(para1, tempstr);
        sprintf(tempstr, "可用页面文件数：%ld(KBYTES)\n",
    Vmeminfo.dwAvailPageFile/1024);
        strcat(para1, tempstr);
        sprintf(tempstr, "虚存空间总数：%ld(BYTES)\n",
    Vmeminfo.dwTotalVirtual);
        strcat(para1, tempstr);
        sprintf(tempstr, "可用虚存空间数：%ld(BYTES)\n",
    Vmeminfo.dwAvailVirtual);
        strcat(para1, tempstr);
        sprintf(tempstr, "物理存储使用负荷：%%%d\n\n\n\n",
    Vmeminfo.dwMemoryLoad);
        strcat(para1, tempstr);
        printf("%s", para1);
        Actnum=0;
        Sleep(500);
        }
    }
    return 0;
}
```

代码 12-2

```
// 内存分配
// memoryAlloc.cpp
#include <windows.h>
#include <stdio.h>

int main(int argc,  char* argv[])
```

```
{
    FILE* fp = fopen("result.txt","w+");// 输出到文件
    MEMORYSTATUS Vmeminfo;// 用以查询全局内存状态
    MEMORY_BASIC_INFORMATION inspectorinfo1;// 用以查询单个页面的状态
    int structsize = sizeof(MEMORY_BASIC_INFORMATION);
    LPVOID BASE_PTR = NULL;
    int stat = 0;
    GlobalMemoryStatus(&Vmeminfo);// 查询没有分配之前的整体状态
    // 输出信息
    fprintf(fp," 当前整体存储统计如下\n");
    fprintf(fp," 物理内存总数: %ld(BYTES)\n",  Vmeminfo.dwTotalPhys);
    fprintf(fp," 可用物理内存: %ld(BYTES)\n",  Vmeminfo.dwAvailPhys);
    fprintf(fp," 页面文件总数: %ld(KBYTES)\n",  Vmeminfo.dwTotalPageFile/1024);
    fprintf(fp," 可用页面文件数: %ld(KBYTES)\n",  Vmeminfo.dwAvailPageFile/1024);
    fprintf(fp," 虚存空间总数: %ld(BYTES)\n",  Vmeminfo.dwTotalVirtual);
    fprintf(fp," 可用虚存空间数: %ld(BYTES)\n",  Vmeminfo.dwAvailVirtual);
    fprintf(fp," 物理存储使用负荷: %%%d\n\n\n\n",  Vmeminfo.dwMemoryLoad);
    memset(&inspectorinfo1, 0, structsize);// 结构体置 0
    BASE_PTR = VirtualAlloc(NULL, 1024*32, MEM_COMMIT, PAGE_READWRITE);/* 分配虚内存 */
    stat = VirtualQuery(BASE_PTR, &inspectorinfo1, structsize);/* 查询 VirtualAlloc 之后
        的当前分配状态状态 */
    // 输出信息
    fprintf(fp," 开始地址 :0X%x\n", inspectorinfo1.BaseAddress);
    fprintf(fp," 区块大小 :0X%x\n", inspectorinfo1.RegionSize);
    fprintf(fp," 目前状态 :0X%x\n", inspectorinfo1.State);
    fprintf(fp," 分配时访问保护 :0X%x\n", inspectorinfo1.AllocationProtect);
    fprintf(fp," 当前访问保护 :0X%x\n", inspectorinfo1.Protect);
    fprintf(fp,"( 状态 :10000 代表未分配; 1000 代表提交; 2000 代表保留; )\n");
    fprintf(fp,"( 保护方式: 0 代表其他; 1 代表禁止访问; 2 代表只读; 4 代表读写 ;\n10 代表可执 ");
    fprintf(fp," 行 ;20 代表可读和执行 ;40 代表可读写和执行 );\n****************************
        ***\n");
    GlobalMemoryStatus(&Vmeminfo);// 查询 VirtualAlloc 之后的整体状态
    // 输出信息
    fprintf(fp," 当前整体存储统计如下 \n");
    fprintf(fp," 物理内存总数: %ld(BYTES)\n",  Vmeminfo.dwTotalPhys);
    fprintf(fp," 可用物理内存: %ld(BYTES)\n",  Vmeminfo.dwAvailPhys);
    fprintf(fp," 页面文件总数: %ld(KBYTES)\n",  Vmeminfo.dwTotalPageFile/1024);
    fprintf(fp," 可用页面文件数: %ld(KBYTES)\n",  Vmeminfo.dwAvailPageFile/1024);
    fprintf(fp," 虚存空间总数: %ld(BYTES)\n",  Vmeminfo.dwTotalVirtual);
    fprintf(fp," 可用虚存空间数: %ld(BYTES)\n",  Vmeminfo.dwAvailVirtual);
    fprintf(fp," 物理存储使用负荷: %%%d\n\n\n\n",  Vmeminfo.dwMemoryLoad);
    memset(&inspectorinfo1, 0, structsize);// 结构体置 0
    stat = VirtualFree(BASE_PTR, 0, MEM_RELEASE);// 释放内存
    DWORD lerr = GetLastError();
    VirtualQuery((LPVOID)BASE_PTR, &inspectorinfo1, structsize);// 查询 VirtualFree 之后的
        当前分配状态状态
    // 输出信息
    fprintf(fp," 开始地址 :0X%x\n", inspectorinfo1.BaseAddress);
    fprintf(fp," 区块大小 :0X%x\n", inspectorinfo1.RegionSize);
    fprintf(fp," 目前状态 :0X%x\n", inspectorinfo1.State);
    fprintf(fp," 分配时访问保护 :0X%x\n", inspectorinfo1.AllocationProtect);
    fprintf(fp," 当前访问保护 :0X%x\n", inspectorinfo1.Protect);
    fprintf(fp,"( 状态 :10000 代表未分配; 1000 代表提交; 2000 代表保留; )\n");
```

```
fprintf(fp,"(保护方式：0代表其他；1代表禁止访问；2代表只读；4代表读写；\n10代表可执");
fprintf(fp,"行；20代表可读和执行；40代表可读写和执行)；\n******************************
    ***\n");
GlobalMemoryStatus(&Vmeminfo);// 查询 VirtualFree 之后的整体状态
// 输出信息
fprintf(fp,"当前整体存储统计如下 \n");
fprintf(fp,"物理内存总数：%ld(BYTES)\n",  Vmeminfo.dwTotalPhys);
fprintf(fp,"可用物理内存：%ld(BYTES)\n",  Vmeminfo.dwAvailPhys);
fprintf(fp,"页面文件总数：%ld(KBYTES)\n",  Vmeminfo.dwTotalPageFile/1024);
fprintf(fp,"可用页面文件数：%ld(KBYTES)\n",  Vmeminfo.dwAvailPageFile/1024);
fprintf(fp,"虚存空间总数：%ld(BYTES)\n",  Vmeminfo.dwTotalVirtual);
fprintf(fp,"可用虚存空间数：%ld(BYTES)\n",  Vmeminfo.dwAvailVirtual);
fprintf(fp,"物理存储使用负荷：%%%d\n\n\n\n",  Vmeminfo.dwMemoryLoad);
memset(&inspectorinfo1, 0, structsize);// 结构体置 0
BASE_PTR = malloc(1024*32*sizeof(char));// 或者用 new
VirtualQuery((LPVOID)BASE_PTR, &inspectorinfo1, structsize);/* 查询 malloc 之后的当前
    分配状态状态 */
// 输出信息
fprintf(fp,"开始地址：0X%x\n", inspectorinfo1.BaseAddress);
fprintf(fp,"区块大小：0X%x\n", inspectorinfo1.RegionSize);
fprintf(fp,"目前状态：0X%x\n", inspectorinfo1.State);
fprintf(fp,"分配时访问保护：0X%x\n", inspectorinfo1.AllocationProtect);
fprintf(fp,"当前访问保护：0X%x\n", inspectorinfo1.Protect);
fprintf(fp,"(状态：10000代表未分配；1000代表提交；2000代表保留；)\n");
fprintf(fp,"(保护方式：0代表其他；1代表禁止访问；2代表只读；4代表读写；\n10代表可执");
fprintf(fp,"行；20代表可读和执行；40代表可读写和执行)；\n*********************************\n");
GlobalMemoryStatus(&Vmeminfo);// 查询 malloc 之后的整体状态
// 输出信息
fprintf(fp,"当前整体存储统计如下 \n");
fprintf(fp,"物理内存总数：%ld(BYTES)\n",  Vmeminfo.dwTotalPhys);
fprintf(fp,"可用物理内存：%ld(BYTES)\n",  Vmeminfo.dwAvailPhys);
fprintf(fp,"页面文件总数：%ld(KBYTES)\n",  Vmeminfo.dwTotalPageFile/1024);
fprintf(fp,"可用页面文件数：%ld(KBYTES)\n",  Vmeminfo.dwAvailPageFile/1024);
fprintf(fp,"虚存空间总数：%ld(BYTES)\n",  Vmeminfo.dwTotalVirtual);
fprintf(fp,"可用虚存空间数：%ld(BYTES)\n",  Vmeminfo.dwAvailVirtual);
fprintf(fp,"物理存储使用负荷：%%%d\n\n\n\n",  Vmeminfo.dwMemoryLoad);
memset(&inspectorinfo1, 0, structsize);// 结构体置 0
free(BASE_PTR );// 如果用 new，则用 delete
VirtualQuery((LPVOID)BASE_PTR, &inspectorinfo1, structsize);/* 查询 free 之后的当前分
    配状态 */
// 输出信息
fprintf(fp,"开始地址：0X%x\n", inspectorinfo1.BaseAddress);
fprintf(fp,"区块大小：0X%x\n", inspectorinfo1.RegionSize);
fprintf(fp,"目前状态：0X%x\n", inspectorinfo1.State);
fprintf(fp,"分配时访问保护：0X%x\n", inspectorinfo1.AllocationProtect);
fprintf(fp,"当前访问保护：0X%x\n", inspectorinfo1.Protect);
fprintf(fp,"(状态：10000代表未分配；1000代表提交；2000代表保留；)\n");
fprintf(fp,"(保护方式：0代表其他；1代表禁止访问；2代表只读；4代表读写；\n10代表可执");
fprintf(fp,"行；20代表可读和执行；40代表可读写和执行)；\n******************************
    ***\n");
GlobalMemoryStatus(&Vmeminfo);// 查询 free 之后的整体状态
// 输出信息
fprintf(fp,"当前整体存储统计如下 \n");
fprintf(fp,"物理内存总数：%ld(BYTES)\n",  Vmeminfo.dwTotalPhys);
fprintf(fp,"可用物理内存：%ld(BYTES)\n",  Vmeminfo.dwAvailPhys);
```

```
    fprintf(fp,"页面文件总数：%ld(KBYTES)\n",  Vmeminfo.dwTotalPageFile/1024);
    fprintf(fp,"可用页面文件数：%ld(KBYTES)\n",  Vmeminfo.dwAvailPageFile/1024);
    fprintf(fp,"虚存空间总数：%ld(BYTES)\n",  Vmeminfo.dwTotalVirtual);
    fprintf(fp,"可用虚存空间数：%ld(BYTES)\n",  Vmeminfo.dwAvailVirtual);
    fprintf(fp,"物理存储使用负荷：%%%d\n\n\n\n",  Vmeminfo.dwMemoryLoad);
    fclose(fp);
    return 0;
}
```

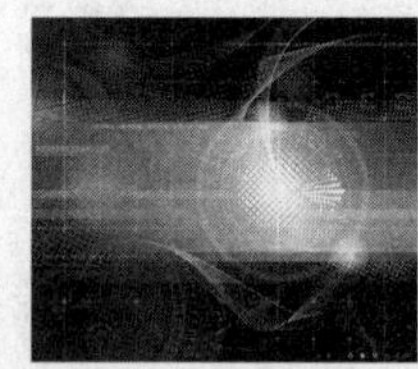

第 13 章 磁盘调度实验

磁盘是计算机中的重要输入 / 输出设备，是计算机重要的存储设备。本实验将介绍磁盘管理的相关知识，包括磁盘的物理结构以及访问时间等。本实验主要介绍磁盘的调度算法，在实验中，读者将阅读和编写模拟程序实现磁盘调度的相关算法。

13.1 实验目的

通过本章的实验，读者应达到如下要求：

1）了解磁盘结构。

2）了解磁盘上数据的组织方式。

3）掌握磁盘访问时间的计算方法。

4）掌握常用的磁盘调度算法以及算法的相关特性。

5）掌握界面程序的设计和编写方法。

6）巩固由算法到伪代码到代码再到可运行程序的转化能力。

13.2 实验准备

1）了解磁盘分类以及磁盘性能的评价标准。

2）预习磁盘调度相关算法。

13.3 实验知识及基本原理

1. 磁盘结构

磁盘驱动器包含两个移动部件：一个是磁头组合，另一个是磁盘组合，磁盘组合由一个或多个圆盘组成，它们围绕着一根中心主轴旋转（轴心）。圆盘的上表面和下表面涂覆一薄层磁性材料，二进制位被存储在这些磁性材料上。其中，0 和 1 在磁材料中表现为不同的模式。磁盘的直径一般是 3.5 英寸。

磁盘被组织成磁道，磁道是单个磁片上的同心圆。所有盘面上的半径相同的磁道构成柱面。磁道被组织成扇区，扇区是被间隙分割的圆的片段，间隙未被磁化为 0 和 1，磁盘结构图如图 13-1 所示。

2. 磁盘数据的组织

磁盘上每一条物理记录都有唯一的地址，该地址包括三部分：磁头号（盘面号）、柱面号（磁道号）和扇区号。给定这三个量就可以唯一地确定一个地址。

3. 磁盘访问时间的计算方式

磁盘在工作时以恒定速率旋转。为保证读或写，磁头必须能移动到所要求的磁道上，当所要求的扇区的开始位置旋转到磁头下时，开始读或写数据。对磁盘的访问时间包括寻道时间、旋转延迟时间和传输时间三部分。

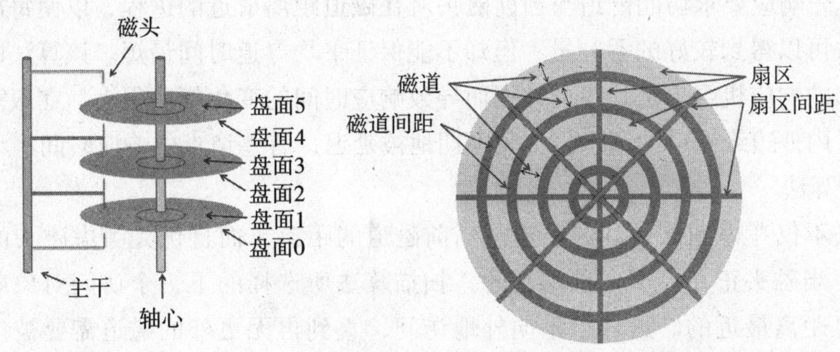

图 13-1　磁盘结构图

（1）寻道时间 Ts

磁臂（磁头）从当前位置移动到指定磁道上所经历的时间。该时间是启动磁臂的时间 s 与磁头移动 n 条磁道所花费的时间之和，即

```
Ts = m*n+s
```

m 是一个常数，它与磁盘驱动器的速度有关。对一般磁盘而言，m=0.3（或 0.2）。

（2）旋转延迟时间 Tr

对于硬盘，典型的旋转速度为 3600r/min（5400r/min 或 7200r/min），每转需 16.6ms（11.1,s），平均旋转延迟时间 Tr 为 8.3ms（5.55ms）。对于软盘，其旋转速度为 300 或 600r/min，平均 Tr 为 50 ~ 100ms。

（3）传输时间 Tt

Tt 是指将数据从磁盘读出或向磁盘写入数据所经历的时间。 Tt 的大小与每次所读 / 写的字节数 b 及旋转速度有关：

```
Tt=b/（r*N）
```

r 为磁盘以秒计的旋转速度；N 为一条磁道上的字节数。当一次读 / 写的字节数相当于半条磁道上的字节数时，Tt 与 Tr 相同。因此，可将访问时间 Ta 表示为：

```
Ta=Ts+1/2r+b/（rN）
```

（4）访问时间

对磁盘的访问时间即可表示为：

```
Ts+Tr+Tt
```

4. 磁盘调度算法

（1）先来先服务算法

该算法是一种简单的磁盘调度算法，它根据进程请求访问磁盘的先后次序进行调度。此算法的优点是公平、简单，且每个进程的请求都能依次得到处理，不会出现某一进程的请求长期得不到满足的情况。此算法由于未对寻道进行优化，在对磁盘的访问请求比较多的情况下，此算法将降低设备服务的吞吐量，平均寻道时间可能较长，但各进程得到服务的响应时间的变化幅度较小。

（2）最短寻道时间优先算法

该算法优先响应要求访问磁道与当前磁头所在磁道距离最近的进程，以使每次寻道时间最短。该算法可以得到较好的吞吐量，但却不能保证平均寻道时间最短。该算法的缺点是对用户服务请求的响应机会不是均等的，因而导致响应时间的变化幅度很大。在服务请求很多的情况下，对内外边缘磁道的请求将会无限期地被延迟，有些请求的响应时间将不可预期。

（3）扫描算法

扫描算法不仅考虑到欲访问的磁道与当前磁道的距离，而且优先考虑磁头的当前移动方向。例如，当磁头正在自里向外移动时，扫描算法所选择的下一个访问对象应是磁头移动方向向外且距离最近的。这样自里向外地访问，直到再无更外的磁道需要被访问才会将磁臂的移动方向变为自外向里移动。磁臂改变方向后，同样选择这样的进程来调度，即其要访问的磁道在当前磁道之内，从而避免了饥饿现象。由于这种算法中磁头移动的规律颇似电梯的运行，故称为电梯调度算法。此算法基本上克服了最短寻道时间优先算法的服务集中于中间磁道和响应时间变化比较大的缺点，而具有最短寻道时间优先算法的优点，即吞吐量较大，平均响应时间较小。但由于是摆动式的扫描方法，两侧磁道被访问的频率仍低于中间磁道。

（4）循环扫描调度算法

循环扫描算法是对扫描算法的改进。如果对磁道的访问请求是均匀分布的，当磁头到达磁盘的一端并反向运动时，落在磁头之后的访问请求相对较少。这是由于这些磁道刚被处理，而磁盘另一端的请求密度相当高，且这些访问请求等待的时间较长。为了解决这种情况，循环扫描算法规定磁头单向移动。例如，只自里向外移动，当磁头移到最外的被访问磁道时，磁头立即返回到最里的欲访问磁道，即将最小磁道号紧接着最大磁道号构成循环，进行扫描。

（5）LOOK 调度算法

在 SCAN 算法中，磁头每次调转方向总是回到柱面顶端，增加了磁头的寻道长度，LOOK 调度算法在 SCAN 算法的基础上，会判断该请求是否为沿着这个方向上的最后一个，如果是则立即掉头。

（6）CLOOK 调度算法

CLOOK 调度算法与 LOOK 相似，在 CSCAN 的基础上进行了改进。

13.4 实验说明

本实验为模拟实现磁盘调度算法。

1. 测试数据

磁盘访问序列：98、181、35、112、24、144、45、57；

读写头起始位置：42

2. 测试数据文件

job.txt 数据组织方式：开始磁道 / 共需要访问的磁道数目 / 待访问磁道

3. 程序要求

1）根据实验所给源码，描述实现 SSTF 算法过程并评价 SSTF 算法的性能。

2）实现 SCAN、CSCAN、LOOK、CLOOK 算法，根据测试数据给出测试结果；并根据测试结果比较 FCFS、SSTF、CSCAN、CLOOK 算法的性能。

3）比较 SCAN 算法和 LOOK 算法的异同。

4. 程序中涉及的函数名及变量

1）算法函数：

```
void FCFS();
void SSTF();
void SCAN();
void LOOK();
void CSCAN();
void CLOOK();
```

2）其他函数：

```
void show(int *arr,int num);                    //显示结果
void readData(int * arr);                       //读取数据
```

3）程序中涉及的重要变量

```
int initPosition;                               //保存初始位置
int numTrack;                                   //磁道数（不算初始位置）
int arrayTrack[65535];                          //磁道序列
int arrayResult[65535];                         //访问顺序序列
bool sign=0;                                    //是否导入数据
int length=0;                                   //寻道长度
```

13.5　实验内容

1）在 Windows 系统上，使用 VS 创建工程。

2）在工程下导入实验源码。

3）在工程源码的统计目录下创建 job.txt 文件，并导入测试数据：

```
42 8
98 181 35 112 24 144 45 57
```

注：42 表示起始位置，默认向右移动，8 表示要访问的磁道数

4）编译源代码。

5）观察并结合运行结果研究实例代码中的 FCFS 算法和 STTF 算法。

6）补充 SCAN、LOOK、CSCAN、CLOOK 代码，运行并分析运行结果

FCFS 和 STTF 算法的测试结果如图 13-2 和图 13-3 所示。

```
开始磁道位置:42 总共需要访问的磁道数:8
98 181 35 112 24 144 45 57
Reading successful

FCFS
读取磁道顺序:
42 -> 98 -> 181 -> 35 -> 112 -> 24 -> 144 -> 45 -> 57
移动柱面距离681
平均寻道长度85.125
```

图 13-2　FCFS 算法结果

```
SSTF
读取磁道顺序：
42 -> 45 -> 35 -> 24 -> 57 -> 98 -> 112 -> 144 -> 181
移动柱面距离181
平均寻道长度22.625
请按任意键继续. . .
```

图 13-3　SSTF 算法

13.6　实验总结

本实验较为容易，主要目的是帮助读者理解常用的磁盘调度算法，以及学会评价算法优劣。本程序中涉及的算法在磁盘调度之外也有很多应用。

13.7　实验报告及小组任务

1）实验报告详见附录 A.7。

2）小组任务：完成电梯调度系统。

要求：

① 单电梯调度。

② 使用 SCAN 算法。

③ 共 10 层电梯，每个电梯中最多乘坐 15 个人。

④ 鼓励对电梯开关门写动画代码。

⑤ 自我评价系统优劣。

13.8　参考代码

代码　13-1

```
#include <iostream>
#include <fstream>
#include <math.h>
#include <cstdlib>
#include <algorithm>
using namespace std;

int initPosition;                          //保存初始位置
int numTrack;                              //磁道数（不算初始位置）
int arrayTrack[65535];                     //磁道序列
int arrayResult[65535];                    //访问顺序序列
bool sign=0;                               //是否导入数据
int length=0;                              //寻道长度
void show(int *arr,int num);               //显示结果
void readData(int * arr);                  //读取数据
void FCFS();                               //先来先服务算法
void SSTF();                               //最短寻道时间优先
void SCAN();                               //扫描算法
void LOOK();                               //look 算法
void CSCAN();                              //循环扫描时间
```

```
void CLOOK();                                   //clook 算法

int main()
{
    //读入数据
    readData(arrayTrack);
    FCFS();
    return 0;
}
void FCFS()
{
    if(sign==0)
    {
        cout<<" 未读入文件 "<<endl;
        return ;
    }
    cout<<"\nFCFS"<<endl;
    length=0;
    arrayResult[0]=initPosition;
    for(int i=0;i<numTrack;i++)
    {
        arrayResult[i+1]=arrayTrack[i];
        length+=abs(arrayResult[i+1]-arrayResult[i]);
    }
    show(arrayResult,numTrack+1);
    system("PAUSE");
}
void SSTF()
{
    if(sign==0)
    {
        cout<<" 未读入文件 "<<endl;
        return ;
    }
    cout<<"\nSSTF"<<endl;
    length=0;
    int index;
    int min;
    arrayResult[0]=initPosition;
    for(int i=0;i<numTrack;i++)
    {
        arrayResult[i+1]=arrayTrack[i];
    }
    for(int i=0;i<numTrack;i++)
    {
        min=65535;
        index=i+1;
        for(int t=i+1;t<numTrack+1;t++)
            {
                if(abs(arrayResult[i]-arrayResult[t])<min)
                {
                    min=abs(arrayResult[i]-arrayResult[t]);
                    index=t;
                }
            }
```

```
            int tem=arrayResult[i+1];
            arrayResult[i+1]=arrayResult[index];
            arrayResult[index]=tem;
            length+=abs(arrayResult[i+1]-arrayResult[i]);
    }
    show(arrayResult,numTrack+1);
    system("PAUSE");
}
void SCAN()
{
    if(sign==0)
    {
        cout<<"未读入文件"<<endl;
        return ;
    }
    cout<<"\nSCAN"<<endl;
    length=0;
    /*该段代码要将磁道数按照访问次序存入arrayResult，并计算访问长度length，注意初始值放在
     arrayResult的第一个项*/
    show(arrayResult,numTrack+1);
}
void LOOK()
{
    if(sign==0)
    {
        cout<<"未读入文件"<<endl;
        return ;
    }
    cout<<"\nSCAN"<<endl;
    length=0;
    /*该段代码要将访问次序存入arrayResult，并计算访问长度length，注意初始值放在arrayResult
      的第一个项*/
    show(arrayResult,numTrack+1);

}
void CSCAN()
{
    if(sign==0)
    {
        cout<<"未读入文件"<<endl;
        return ;
    }
    cout<<"\nSCAN"<<endl;
    length=0;
    /*该段代码要将访问次序存入arrayResult，并计算访问长度length，注意初始值放在arrayResult
      的第一个项*/
    show(arrayResult,numTrack+1);
}
void CLOOK()
{
    if(sign==0)
    {
        cout<<"未读入文件"<<endl;
        return ;
    }
```

```
    cout<<"\nSCAN"<<endl;
    length=0;
    /*该段代码要将访问次序存入 arrayResult，并计算访问长度 length，注意初始值放在 arrayResult
      的第一个项*/
    show(arrayResult,numTrack+1);
}
void show(int *arr,int num)
{
    cout<<"读取磁道顺序: "<<endl;
    for(int i=0;i<num;i++)
    {
        if(i!=num-1)
        {
            cout<<arr[i]<<" -> ";
        }
        else
        {
            cout<<arr[i]<<endl;
        }
    }
    cout<<"移动柱面距离 "<<length<<endl;
    cout<<"平均寻道长度 "<<((float)length)/((float)num-1)<<endl;
}
void readData(int * arr)
{
    int i=0;
    ifstream fin("job.txt");
    if(!fin)
    {
        cout<<"Wrong in open file"<<endl;
        system("PAUSE");
        exit(1);
    }
    fin>>initPosition>>numTrack;
    cout<<"开始磁道位置 :"<<initPosition<<" 总共需要访问的磁道数 :"<<numTrack<<endl;
    for(i=0;i<numTrack;i++)
    {
        fin>>arr[i];
        cout<<arr[i]<<" ";
    }
    cout<<endl;
    cout<<"Reading successful"<<endl;
    sign=1;
    fin.close();

}
```

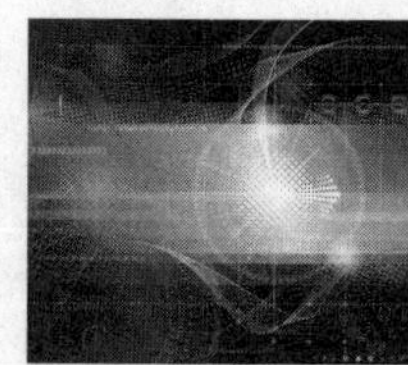

第 14 章 文件系统实验

文件系统是一个复杂的软件系统，用来为用户提供数据管理的接口。本实验将讲解文件系统的原理以及文件的组织方式。读者在此实验中将通过程序模拟文件系统的实现来加强对文件系统的理解。

14.1 实验目的

通过本章的实验，读者应达到如下要求：

1）熟悉和理解文件系统的概念和文件系统的类型。

2）了解 Linux 文件组织和管理的知识。

3）了解文件系统的功能及实现原理。

14.2 实验准备

1）初步了解文件系统的工作原理。

2）了解 EXT2 文件系统的结构。

3）了解文件系统相关的系统调用知识。

14.3 实验原理

1. 文件系统

文件系统是操作系统中负责存取和管理信息的模块，它用统一的方式管理用户和系统信息的存储、检索、更新、共享和保护，并为用户提供一套方便有效的文件使用和操作方法。发明文件系统基于两个原因：①用户直接操作和管理辅助存储器上信息，繁琐复杂、易出错、可靠性差；②多道程序、分时系统的出现，要求以方便、可靠的方式共享大容量辅助存储器。

文件系统主要有以下功能：①实现文件的按名存取（基本功能）；②文件目录的建立和维护（用于实现上述基本功能）；③实现逻辑文件到物理文件的转换（核心内容）；④文件存储空间的分配和管理；⑤数据保密、保护和共享；⑥提供一组用户使用的操作。

常见的文件系统有以下几种类型：

ext2：早期 Linux 中常用的文件系统。

ext3：ext2 的升级版，增加了日志功能。

RAMFS：内存文件系统。

NFS：网络文件系统，由 SUN 发明，主要用于远程文件共享。

MS-DOS：MS-DOS 文件系统。

VFAT：Windows 95/98 操作系统采用的文件系统。

FAT：Windows XP 操作系统采用的文件系统。

NTFS：Windows XP/7 操作系统采用的文件系统。

HPFS：OS/2 操作系统采用的文件系统。

PROC：虚拟的进程文件系统。

ISO9660：大部分光盘所采用的文件系统。

ufsSun：OS 所采用的文件系统。

NCPFS：Novell 服务器所采用的文件系统。

SMBFS：Samba 的共享文件系统。

XFS：由 SGI 开发的先进的日志文件系统，支持超大容量文件。

JFS：IBM 的 AIX 使用的日志文件系统。

ReiserFS：基于平衡树结构的文件系统。

Udf：可擦写的数据光盘文件系统。

2. 根文件系统

根文件系统是一种特殊的文件系统，它是内核启动时挂载的第一个文件系统，其中包含 Linux 启动时所必须的目录和关键性的文件，还包括许多应用程序 bin 目录等。任何包括 Linux 系统启动所必须文件的系统都可以称为根文件系统。

（1）Linux 根文件系统目录

Linux 遵守文件系统科学分类标准（FHS），该标准是一个定义许多文件和目录的名字、位置的标准。一个 Linux 的根文件系统目录结构如下：

/：Linux 文件系统的入口，也是处于最高一级的目录。

/bin：系统所需要的命令位于此目录，如 ls、cp、mkdir 等命令。该目录中的文件都是可执行、普通用户可以使用的命令。基础系统所需要的命令都放在这个目录下。

/boot：Linux 的内核及引导系统程序所需要的文件目录，如内核的映像文件、启动加载器（GRUB）。

/dev：设备文件存储目录，如声卡、磁盘等。

/etc：系统配置文件的所在地，一些服务器的配置文件也在该目录下；如 /etc/inittab 是 init 进程的配置文件，etc/fstab 是用来指定启动时需要自动安装的文件系统列表。

/home：普通用户主目录默认存放目录。

/lib：库文件存放目录。

/mnt：一般用于存放挂载储存设备的挂载目录，如 cdrom 等目录。

/proc：操作系统运行时，进程信息及内核信息（如 CPU、硬盘分区、内存信息等）存放在这里。

/root：Linux 超级权限用户 root 的目录。

/sbin：大多是涉及系统管理命令的存放目录，是超级权限用户 root 的可执行命令存放目录，普通用户无权限执行这个目录下的命令，如 ifconfig。

/tmp：临时文件目录。

/usr：系统存放程序的目录，如命令、帮助文件等。

/var：目录包含在正常操作中被改变的文件：假脱机文件、记录文件、加锁文件、临时文件和页格式化文件。

（2）文件目录

文件系统建立和维护的关于系统的所有文件的清单，每个目录项对应一个文件的信息描述，该目录项又称为文件控制块（FCB）。

1）一级目录结构：在操作系统中构造一张线性表，与每个文件有关的属性占用一个目录项就构成一级目录结构，如图 14-1 所示。

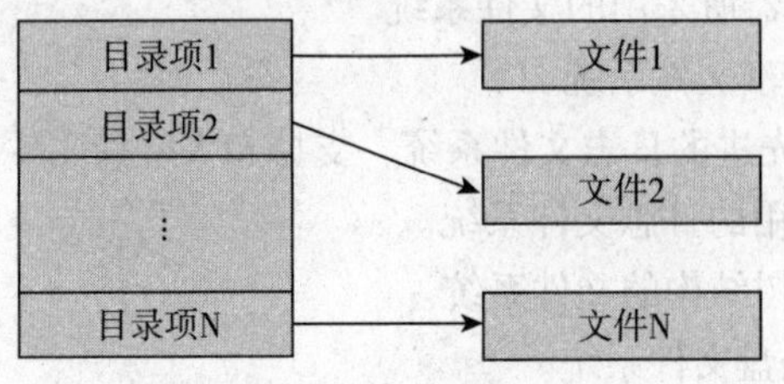

图 14-1　一级目录结构图

2）二级目录结构：文件目录由两级构成，第一级为主文件目录，用于管理所有用户文件目录；第二级为用户的文件目录，用于管理每个用户下的文件，如图 14-2 所示。

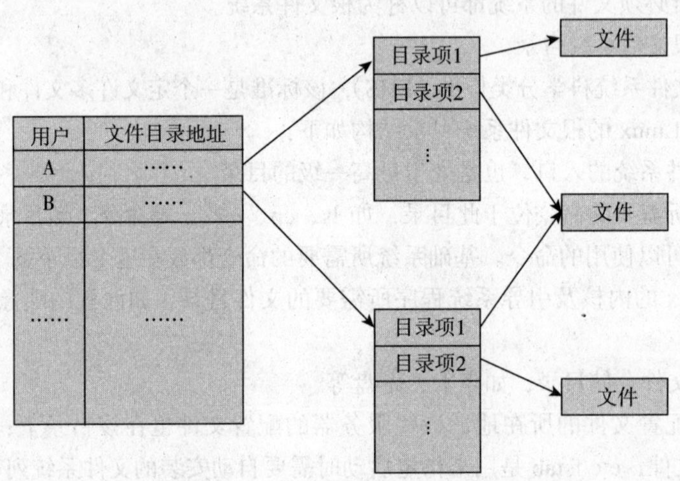

图 14-2　二级目录结构图

（3）Linux 的 EXT2 文件系统

在 Linux 中，普通文件和目录文件保存在称为“块物理设备”的磁盘或者磁带等存储介质上。一套 Linux 系统支持若干个物理盘，每个物理盘可以定义一个或者多个文件系统，每个文件系统均由逻辑块的序列组成。一般来说，一个逻辑盘可以划分为几个用途各不相同的部分：引导块、超级块、inode 区、数据区。

Linux 使用一种叫虚拟文件系统的技术，可以支持多达几十种不同的文件系统。EXT2 是 Linux 自己的文件系统，它有几个重要的数据结构：超级块、inode（索引节点）、组描述符、块位图、inode 位图等。其中较为重要的有两个，一个是超级块，用来描述目录和文件在磁盘上的物理位置、文件大小和结构等信息；另一个是 inode，文件系统中的每个目录和文件均由一个 inode 描述，它包含文件模式（类型和存取权限）、数据块位置等信息。

一个文件系统除了重要的数据结构之外，还必须为用户提供有效的接口操作。比如 EXT2

提供的 OPEN/CLOSE 接口操作。

EXT2 文件系统将它所占用的逻辑分区划分成块组，如图 14-3 所示。

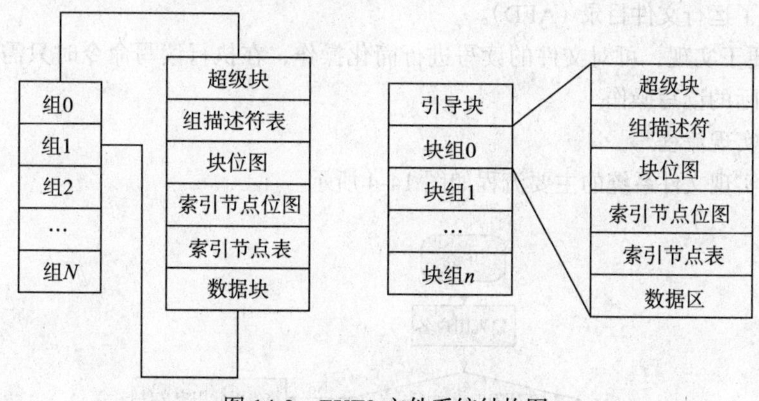

图 14-3　EXT2 文件系统结构图

14.4　实验说明

本实验模拟实现了一个简单的文件系统，具备基本的文件处理功能，包括实现文件的建立、打开、删除、关闭、复制、读、写、查询等功能。通过对模拟文件系统的实现，了解文件系统的基本功能及小型文件系统的实现框架，完成在 Linux 系统下实现自己的小型文件系统。

（1）程序设计思想

1）在内存中开辟一个虚拟磁盘空间作为文件存储器，在文件存储器上实现一个多用户多目录的文件系统。

2）物理结构可采用显式链接或其他方法。

3）采用多用户多级目录结构，每个目录项包含文件名、物理地址、长度等信息，还可以通过目录项实现对文件的读和写保护。目录组织方式也可以不使用索引节点的方式。

4）提供以下相关文件操作：

- 文件的创建：create
- 删除文件：delete
- 文件的打开：open
- 文件关闭：close
- 文件的读：read
- 文件的写：write
- 显示文件目录：dir
- 退出：logout

（2）程序设计思路

程序见代码 14-1。

1）本系统初始化了 10 个用户，每个用户初始化 5 个文件，最多可拥有 10 个文件，所以每个用户在此基础上可为自己再创建 5 个文件，也可以在删除文件后再创建。

2）系统分别使用 create、open、read、write、close、delete、dir 来创建文件、打开文件、

读文件、写文件、关闭文件、删除文件和显示文件。

3）程序采用二级文件目录（即设置主目录（MFD））和用户文件目录（UFD）。另外，为打开文件设置了运行文件目录（AFD）。

4）为了便于实现，可对文件的读写进行简化操作，在执行读写命令时只需改读写指针，而并不进行实际的读写操作。

（3）程序实现流程

程序模拟实现文件系统的主要流程如图 14-4 所示。

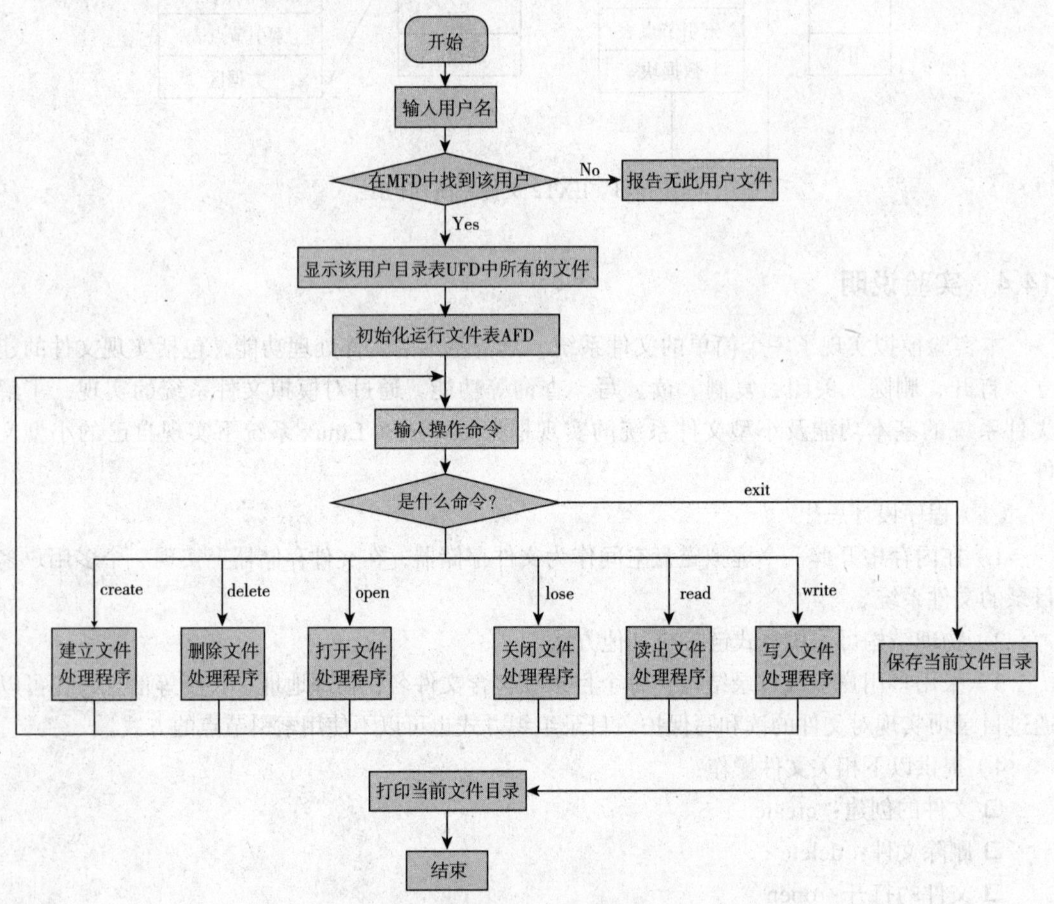

图 14-4　模拟实现文件系统流程图

（4）程序涉及的数据结构

程序涉及的数据结构如下：

1）主目录结构体：用于管理所有用户和用户目录。

```
struct mdf
{
  char uname[10];              /* 用户名 */
  UF  Udir;                    /* 用户文件目录 */
} UFD[UserNumber];             /* 用户 */
```

2）用户文件目录结构体：用于管理用户的文件及文件权限。

```
typedef struct ufd
{
    char fname[10];             /* 用户文件名 */
    int flag;                   /* 文件存在标志 */
    int  fprotect[3];           /* 文件保护码 r\w\t */
    int  flength;
};
```

3）用户打开文件结构体：用于管理用户已经打开的文件。

```
struct afd
{
    char opname[10];            /* 打开文件名 */
    int flag;
    char opfprotect[3];         /* 打开保护码 */
    int rwpoint;                /* 读写指针 */
};
```

14.5　实验内容

1）在 Linux 系统中建立以自己学号为文件名的文件。

2）拷贝实验提供源代码至该文件。

3）编译源代码。

4）输入模拟文件系统提供的命令进行操作。

14.6　实验总结

实验模拟实现多用户（10 个用户）下的多目录文件系统的命令与命令的具体实现，此模拟系统提供了实现操作的基本命令，并根据命令的含义与要求，用 C++ 编程来完成所有具体操作。该系统可以模拟实现列出文件和目录、新建目录、改变目录、创立和编写文件、删除文件和退出系统等功能。

14.7　实验报告及小组任务

1）实验报告详见附录 A.8。

2）小组任务：在 Linux 系统下实现小型文件系统。

任务要求：

① 实现浏览目录和创建目录功能，鼓励实现更多的文件管理功能，如修改目录、创建目录。

② 参考资料：《深入理解 Linux 内核》。

③ 实验提示：读懂本实验模拟系统代码，理解模拟系统框架并掌握系统调用编程。

14.8　参考代码

代码　14-1

```
#include <stdio.h>
#include <stdlib.h>
#include <conio.h>
```

```
#include <string.h>
#define getpch(type) (type*)malloc(sizeof(type))
#define UserNumber 10       //用户数
#define UserFNumber 10      //用户文件数
#define UserOFNumber 5
//文件名
struct fname
{
    char fnamea[1];
    int flag;
} fnameA[26]={'a',0,'b',0,'c',0,'d',0,'e',0,'f',0,'g',0,'h',0,'i',0,'j',0,'k',0,'l',0,
'm',0,'n',0,'o',0,'p',0,'q',0,'r',0,'s',0,'t',0,'u',0,'v',0,'w',0,'x',0,'y',0,'z',0};
/* 用户打开的文件 */
struct afd
{
    char opname[10];        /* 打开文件名 */
    int flag;
    char opfprotect[3];     /* 打开保护码 */
    int rwpoint;            /* 读写指针 */
} AFD[UserOFNumber];
/* 用户文件 */
typedef struct
{
    char fname[10];         /* 用户文件名 */
    int flag;               /* 文件存在标志 */
    int  fprotect[3];       /* 文件保护码r\w\t */
    int  flength;
} ufd,UF[UserFNumber];
struct mdf
{
    char uname[10];         /* 用户名 */
    UF  Udir;               /* 用户文件目录 */
} UFD[UserNumber];          /* 用户 */
void intFSystem()
{
    int i,j,k,l;
    strcpy(UFD[0].uname,"user1");
    strcpy(UFD[1].uname,"Geogre");
    strcpy(UFD[2].uname,"user2");
    strcpy(UFD[3].uname,"Yiding");
    strcpy(UFD[4].uname,"Shadow");
    strcpy(UFD[5].uname,"user3");
    strcpy(UFD[6].uname,"user3");
    strcpy(UFD[7].uname,"user5");
    strcpy(UFD[8].uname,"uesr_6");
    strcpy(UFD[9].uname,"user");
    for(i=0;i<10;i++)
    {
        for(k=0;k<5;k++)
        {
            do j=rand()%26; while(fnameA[j].flag);
            strcpy(UFD[i].Udir[k].fname,fnameA[j].fnamea);
            fnameA[j].flag=1;
            UFD[i].Udir[k].flength=rand()%2048+1;
```

```
            UFD[i].Udir[k].flag=1;
            UFD[i].Udir[k].fprotect[0]=rand()%2;
            UFD[i].Udir[k].fprotect[1]=rand()%2;
            UFD[i].Udir[k].fprotect[2]=rand()%2;
        }
        for(j=0;j<26;j++)
        {
            fnameA[j].flag=0;
        }
    }
    for(l=0;l<5;l++)
    {
        strcpy(AFD[i].opname,"");
        AFD[l].flag=0;
        AFD[l].opfprotect[0]=0;
        AFD[l].opfprotect[1]=0;
        AFD[l].opfprotect[2]=0;
        AFD[l].rwpoint=0;
    }
}
void Open(int i)
{
    int l,k,n;
    char file[10];
    for(l=0;l<5;l++)
    {
        if(!AFD[l].flag)
        {
            break;
        }
    }
    printf("请输入你想打开的文件名:");
    scanf("%s",file);
    for(n=0;n<5;n++)
        if(!strcmp(AFD[n].opname,file)&&AFD[n].flag)
        {
            printf("he file had opened!\n",file);
            return;
        }
        for(k=0;k<10;k++)
            if(!strcmp(UFD[i].Udir[k].fname,file)&&UFD[i].Udir[k].flag)
            {
                strcpy(AFD[l].opname,UFD[i].Udir[k].fname);
                AFD[l].opfprotect[0]=UFD[i].Udir[k].fprotect[0];
                AFD[l].opfprotect[1]=UFD[i].Udir[k].fprotect[1];
                AFD[l].opfprotect[2]=UFD[i].Udir[k].fprotect[2];
                AFD[l].flag=1;
                printf("文件已打开!\n");
                return;
            }
            printf("文件不存在!\n");
            return;
}
void Create(int i)
{
```

```
    int k;
    for(k=0;k<10;k++)
    {
        if(!UFD[i].Udir[k].flag)
            break;
    }
    if(k>=10)
    {
        printf(" 一个用户不能拥有超过 10 个文件 \n\n");
        return;
    }
    printf(" 请输入你想创建的文件名 :");
    scanf("%s",UFD[i].Udir[k].fname);
    printf(" 请输入文件长度 :");
    scanf("%d",&UFD[i].Udir[k].flength);
    printf(" 只读 ?(1 yes,0 no):");
    scanf("%d",&UFD[i].Udir[k].fprotect[0]);
    printf(" 可写 ?(1 yes,0 no):");
    scanf("%d",&UFD[i].Udir[k].fprotect[1]);
    printf(" 可执行 ?(1 yes,0 no):");
    scanf("%d",&UFD[i].Udir[k].fprotect[2]);
    UFD[i].Udir[k].flag=1;
    return;
}
void Delete(int i)
{
    char file[10]; int k;
    printf(" 请输入你想删除的文件名 :");
    scanf("%s",file);
    for(k=0;k<10;k++) {
        if(UFD[i].Udir[k].flag&&!strcmp(UFD[i].Udir[k].fname,file))
        {
            printf(" 文件已删除! \n");
            UFD[i].Udir[k].flag=0;break;}
        else if(!UFD[i].Udir[k].flag&&!strcmp(UFD[i].Udir[k].fname,file))
            printf(" 文件不存在! \n");
    }
    return;
}
void Read()
{
    int l;char file[10];
    printf(" 请输入你想读的文件 :");
    scanf("%s",file);
    for(l=0;l<5;l++)
        if(!strcmp(AFD[l].opname,file)&&AFD[l].flag)
            if(AFD[l].opfprotect[0])
            {
                printf("the file has read.\n");
                return;
            }
            else
            {
                printf("cannot read!\n");
                return;
```

```
            }
            if(l>=5)
            {
                printf("文件尚未打开，请先打开文件\n");
                return;
            }
}
void Write()
{
    int l;char file[10];
    printf("请输入你想写的文件：");
    scanf("%s",file);
    for(l=0;l<5;l++) if(!strcmp(AFD[l].opname,file)&&AFD[l].flag)
        if(AFD[l].opfprotect[1])
        {
            printf(" the file has written.\n");
            return;
        }
        else
        {
            printf("cannot write !\n");
            return;
        }
        if(l>=5)
        {
            printf("文件尚未打开，请先打开文件\n");
            return;
        }
}
void printUFD(int i)
{
    int k;
    printf("主文件目录：\n",UFD[i].uname);
    printf("用户名\t文件名\t可读 可写 可执行\t文件长度\n");
    for(k=0;k<10;k++){
        if(UFD[i].Udir[k].flag)
    printf("%s\t%s\t%d %d %d\t\t%dB\n",UFD[i].uname,UFD[i].Udir[k].fname,UFD[i].Udir[k].
     fprotect[0],
    UFD[i].Udir[k].fprotect[1],UFD[i].Udir[k].fprotect[2],UFD[i].Udir[k].flength);
    }
}
void printAFD(int i) {
    int l,k;
    if (!AFD[0].flag&&!AFD[1].flag&&!AFD[2].flag&&!AFD[3].flag&&!AFD[4].flag)
    {
        printf("当前没有运行的文件！ \n");
        return;
    }
    else
    {
        printf("运行文件目录：\n");
        printf("文件名\t可读 可写 可执行\n");
        for(l=0;l<5;l++)
        {
            for(k=0;k<10;k++)
            {
```

```
    if(!strcmp(UFD[i].Udir[k].fname,AFD[l].opname)&&UFD[i].Udir[k].flag&&AFD[l].flag){
        break;}
            else continue;
        }
    if(!strcmp(UFD[i].Udir[k].fname,AFD[l].opname)&&UFD[i].Udir[k].flag&&AFD[l].flag) {printf
        ("%s\t%d    %d    %d\n",AFD[l].opname,AFD[l].opfprotect[0], AFD[l].opfprotect[1],AFD[l].
        opfprotect[2]); }
        }
    }
}
void Close()
{
    int l;
    char file[10];
    printf(" 请选择文件 :");
    scanf("%s",file);
    for(l=0;l<5;l++)
        if(!strcmp(AFD[l].opname,file)&&AFD[l].flag) {AFD[l].flag=0;printf("the file
            has close\n");return;}
        if(l>=5) printf(" 文件打开失败 !\n");
        return;
}
void PrintUser()
{
    for(int i=0;i<10;i++)
    {
        printf("%s\n",UFD[i].uname);
    }
}
int main()
{
    int i,n=0;
    char m[10];
    char login[10];
    intFSystem();
    printf(" 欢迎使用 \n");
    printf("1. 本系统模拟文件管理 2. 系统已初始化 10 个用户，\n 每个用户已分配五个文件 \n");
    printf(" 用户名分别是: \n");
    PrintUser();
    printf("** 本系统的命令包括如下 :\n");
    printf("** 创建文件 (create)\n");
    printf("** 删除文件 (delete)\n");
    printf("** 打开文件 (open)\n");
    printf("** 关闭文件 (close)\n");
    printf("** 读取文件 (read)\n");
    printf("** 编写文件 (write)\n");
    printf("** 显示文件目录 (printufd)\n");
    printf("** 显示打开文件目录 (dir)\n");
    printf("** 退出 (exit)\n");
    lgin: printf(" 请输入用户名 :");
      scanf("%s",login);
      if(!strcmp(login,"exit"))
      {
        return 0;
      }
```

```
    for(i=0;i<10;i++){ if(!strcmp(UFD[i].uname,login)) break;}
    if(i>=10){ printf("该用户名不存在!\n"); goto lgin; }
    printUFD(i);
    for(;n!=1;){
        printf("请输入命令:");
        scanf("%s",&m);
        if(strcmp(m,"create")==0) Create(i);
        else if(strcmp(m,"delete")==0) Delete(i);
        else if(strcmp(m,"open")==0) Open(i);
        else if(strcmp(m,"close")==0) Close();
        else if(strcmp(m,"read")==0) Read();
        else if(strcmp(m,"write")==0) Write();
        else if(strcmp(m,"printufd")==0) printUFD(i);
        else if(strcmp(m,"dir")==0) printAFD(i);
        else if(strcmp(m,"exit")==0) n=1;
        else printf("出错\n");
    }
    printf("Saving....\n");
    printUFD(i);
    getch();
    return 0;
}
```

第三部分

Nachos 源码分析

在前两部分中，我们先学习了操作系统课程设计课程的前导知识，包括如何配置实验环境、C++ 编程，以及在不同操作系统下的调试技术等；在第二部分，我们完成了 8 个实验项目，这 8 个题目是操作系统课程设计的主要内容，主要采用编程模拟的方式来实现操作系统中的一些典型功能模块。

在本部分中，我们将剖析一个小型操作系统（Nachos），分析操作系统常用的几个模块。读者可以通过本部分的学习，更加深入地了解一个操作系统如何将各个功能模块组织起来。读者可以在操作系统源码上进行修改来得到不同的结果。

第三部分主要有 6 章：

第 15 章给出 Nachos 系统简介，介绍为什么选用 Nachos 作为教学操作系统、Nachos 的运行原理、如何编译 Nachos 源码以及 Nachos 的源码结构。本章的主要作用是为后续的五章打好基础。

第 16 章介绍 Nachos 系统调用，本章将以一个简单的系统调用为例，通过对源码的分析来讲解 Nachos 系统是如何实现系统调用的。

第 17 章介绍 Nachos 同步与互斥，主要讲解信号量、锁、竞争条件在 Nachos 下是如何实现的。最后，本章将以同步磁盘作为案例来分析其信号量和锁的使用方法。

第 18 章介绍 Nachos 线程调度，Nachos 的线程管理是独立于宿主机的（Linux 或者 Windows），本章将重点分析 Nachos 系统是如何实现线程调度和管理的。

第 19 章介绍 Nachos 文件系统，本章将讲解文件系统的实现方式，读者可以在理解前面所讲述内容的基础上，对其进行进一步扩展，使其功能更加完善。

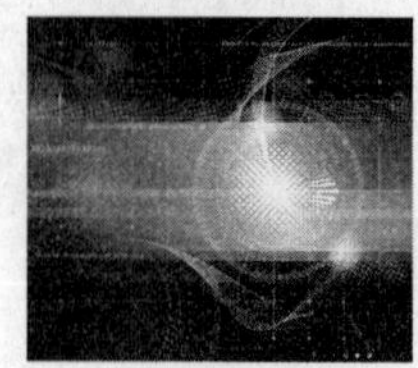

第 15 章 Nachos 系统简介

本章将对 Nachos 进行初步介绍，包括 Nachos 的特点、运行原理、源码结构以及编译的过程。

15.1 Nachos 简介

国内外许多大学以及教育机构为了推动操作系统课程的教学，提出了很多简化版本的操作系统，这些系统既简单易学，又尽可能多地包含了一个完整操作系统应该有的功能和模块。上海交通大学开发的 MOS 操作系统已被成功地使用在了操作系统的教学中，国外知名的教学操作系统还有多伦多大学的 Tunis 和荷兰阿姆斯特丹自由大学的 MINIX。

本部分将要分析的操作系统是由美国加州大学伯克利分校开发的 Nachos，它已经在加州大学伯克利分校的计算机学院使用多年。Nachos 是一个小型的操作系统，它的代码量很少，可以使读者更加容易地理解操作系统的运行过程。和其他操作系统相比，Nachos 有很多自己的特性，基于我们的教学目标，在此主要介绍如下两点。

1）使用虚拟机：Nachos 操作系统是运行在一个软件模拟的虚拟机上的，下载 Nachos 会得到一个 machine 的文件包，其中包含虚拟机程序的全部源码。使用软件来模拟机器硬件可以极大方便系统的调试。该虚拟机使用 MIPS R2/3000 指令集。用开发者自己的话来说，Nachos 就是一个应用于操作系统课程的教学软件，在后面为了区分，我们将要研究的系统称为 Nachos 系统。

2）面向对象：编写 Nachos 使用的是 C++ 语言的一个子集，通过 C++ 面向对象的特性，Nachos 可以更加清晰地呈现出操作系统的各个接口以及其整体结构，对于学习操作系统的读者来说更加易于学习。

15.2 Nachos 的运行原理

在 Nachos/code 目录下，有一个名为 machine 的文件夹，该文件夹中包含了 Nachos 虚拟机的全部源码。与其他虚拟机类似，Nachos 虚拟机使用软件的方式模拟一个硬件设备，包括内存、寄存器、磁盘、网络等。

Windows 下常用的虚拟机软件如 VMware 及 VirtualBox，其本身的运行和内部的系统的运行是相对独立的。与其不同的是，Nachos 系统运行与虚拟机并不是完全分离的，虚拟机以对象的形式和 Nachos 系统存在于同一地址空间，提供 API 来模拟硬件供 Nachos 系统使用。

15.3 系统源码

为了方便读者能够在本书第一部分中提到的环境下更快地上手编译 Nachos 系统，我们对作者提供的源码的部分 bug（针对特定环境）进行了修改。读者只需要下载我们提供的 Nachos

源码即可。

将 Nachos 源文件包（zip 压缩文件）解压后可以得到以下文件：

COPYRIGHT：Nachos 源码的作者对 Nachos 版权的声明。

c++example：Nachos 源码的作者提供的一些 C++ 编程相关的例子。

coff2noff：一个转换工具，将 decstation-ultrix-gcc 编译后的 coff 类型的可执行文件转换为在 Nachos 下的 noff 格式可执行文件，该部分内容偏离本书所要介绍的知识，故在此不予讲解。

code：Nachos 系统以及其虚拟机的源代码。

code/build.cygwin, build.linux, build.macosx：这三个文件主要是 Nachos 在不同系统下的编译目录，本书使用的开发环境是 Ubuntu，因此之后主要使用到的是 build.linux 文件夹下的文件。

code/filesys：文件系统模块的源文件。

code/lib：常用的基本工具库，如哈希表、列表等。

code/machine：支持 Nachos 系统运行的虚拟机源码。

code/network：网络模块源码。

code/shell：该文件夹是一个简单的 shell 实现，通过调用宿主机（Ubuntu）API 来实现。

code/test：用来测试系统调用的测试程序，其中，bin 目录、decstation-ultrix 目录和 lib 目录是为了方便读者编译测试程序的工具。

code/threads：线程模块源码，包括线程管理及同步等。

code/userprog：用户程序模块源码提供内存管理、系统调用等功能，使用户程序能够在 Nachos 系统下运行。

15.4 系统的编译与测试

本节将介绍系统的编译与测试方法，具体步骤如下：

第一步：安装编译工具

打开终端输入以下命令：

```
sudo apt-get install build-essential
```

在安装过程中会有一次提示编译工具占用多少空间，直接输入字母 Y 后按回车键即可。

第二步：解压 Nachos

切换到 Nachos 的目录下，使用以下命令解压：

```
unzip Nachos.zip
```

第三步：编译 Nachos

1）切换到 code 目录下的 build.linux 目录输入命令：

```
make depend
```

该命令会根据 Makefile 文件中的相应内容在 Makefile.dep 中生成编译 Nachos 系统所需的依赖关系。

2）编译 Nachos 系统，输入命令

```
make
```

执行 make 命令之后，会得到以“.o”结尾的目标文件，以及名为 nachos 的可执行文件。

第四步：运行 Nachos 系统

执行命令：

```
./nachos
```

如果得到如图 15-1 所示的结果则表示 Nachos 系统编译并执行成功。

```
tests summary: ok:0
Machine halting!

Ticks: total 10, idle 0, system 10, user 0
Disk I/O: reads 0, writes 0
Console I/O: reads 0, writes 0
Paging: faults 0
Network I/O: packets received 0, sent 0
```

图 15-1　运行结果

使用者也可以通过参数来选择运行的模块或者选择输出调试结果，如使用“./nachos –K”命令可以运行线程测试模块并输出测试结果。具体的参数可以参考 NachOS/code/threads/main.cc 文件中的相关注释。

第 16 章 Nachos 系统调用

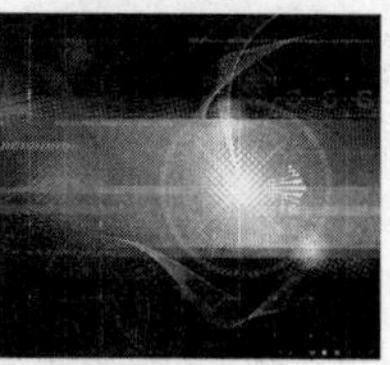

本章将详细介绍 Nachos 系统实现系统调用的过程，操作系统在系统调用上的实现方式都是类似的，本章将以 Nachos 写好的一个测试实例 add 函数为例进行讲解，读者在理解透彻后，可以自己编写减法函数来加强对系统调用流程的理解。

16.1 以 Add 为例分析系统调用

1. Nachos 系统调用函数 Add

之前已经介绍过了系统调用的概念，它将内核提供的一系列函数呈现给用户，以帮助用户实现功能强大的用户程序。本节中，我们以 Nachos 自带的一个测试程序为例来对 Nachos 系统调用的实现进行讲解。选取的函数为

```
int Add(int a, int b);
```

这个函数的作用非常简单，就是返回两个整形数相加的结果，我们将主要把精力放在研究系统调用的整个过程中，使读者能够理清整个系统调用的流程。

Nachos 在测试程序中，有一个自带的系统调用测试程序，该程序位于 Nachos/code/test/add.c 中。

如代码 16-1 所示。

代码 16-1

```
// Nachos/code/test/add.c

#include "syscall.h"
int
main()
{
    int result;
    result = Add(42, 23);
    Halt();
    /* not reached */
}
```

所有的系统调用都必须包含头文件 syscall.h，它位于 Nachos/code/userprog/syscall.h，该头文件包含了所有 Nachos 系统调用函数的声明，以及系统调用码（System call code）。

在 main 函数体中，主要的执行语句是

```
    result = Add(42, 23);
    Halt();
```

第一句表示将整数 42 和整数 23 相加，得到的和赋值给 result；第二句表示执行一个停机的操作。

2. Add 系统调用的实现

首先，add.c 被编译时，编译器会从 syscall.h 中查找到 Add 的声明。相关部分如代码 16-2 所示。

代码　16-2

```
// Nachos/code/userprog/syscall.h

/*
 * Add the two operants and return the result
 */

int Add(int op1, int op2);
```

而 Add 的实现部分位于 NachOS/code/test/start.s 中，该部分代码是使用 mips 指令的汇编语言写成的，如代码 16-3 所示。

代码　16-3

```
// NachOS/code/test/start.s
     .globl Add
     .ent    Add
Add:
    addiu $2,$0,SC_Add
    syscall
    j    $31
    .end Add
```

在该段代码的前四行中，“.globl”的作用是将 Add 声明为一个全局的符号；“.ent”将下一行的“Add”标识为系统调用的入口。读到这里，我们来看一下 Nachos 是如何执行汇编指令的。

对于代码 16-3，Nachos 提供了一个解析器，位于 Nachos/code/machine/mipssim.cc，start.s 中的每条语句的执行都是通过该文件中的 OneInstruction 函数来执行的，该函数如代码 16-4 所示。

代码　16-4

```
// Nachos/code/machine/mipssim.cc

void
Machine::OneInstruction(Instruction *instr)
{
    ...
    switch (instr->opCode) {
        ...
    }
}
```

每读到一条汇编指令，Nachos 虚拟机就会调用一次 OneInstruction 函数，通过 switch 来确定执行的代码块。

接下来分析 mips 汇编语言程序的第五行代码

```
addiu $2,$0,SC_Add
```

在 mips 汇编语言中，“$数字”格式指代寄存器，数字表示它是第几个寄存器。其中，第 0 个寄存器 $0 的值是始终为 0 的。addiu 的前两个参数是寄存器，第三参数是立即数，其作用是将第二个参数和第三个参数值以无符号数值相加，把结果写入第一个参数指代的寄存器中，其实现如代码 16-5 所示。

代码　16-5

```
// Nachos/code/machine/mipssim.cc
void
Machine::OneInstruction(Instruction *instr)
{
    ...
    switch (instr->opCode) {
    ...
      case OP_ADDIU:           // OP_ADDIU 是 addiu 对应的机器码
      registers[instr->rt] = registers[instr->rs] + instr->extra;
      return;
    ...
    }
}
```

addiu $2,$0,SC_Add 中，SC_Add 是 Add 函数的系统调用码，它被定义在 syscall.h 文件中，如代码 16-6 所示。

代码　16-6

```
// NachOS/code/test/start.s
#define SC_Add              42
```

因此，addiu $2,$0,SC_Add 的作用就是将 SC_Add 的值与 0 值相加后赋值到 $2（第 2 个寄存器）中，即直接将系统调用码 SC_Add 赋值给 $2 寄存器，此时 $2 的值即为 42。

接下来，Nachos 虚拟机执行到 syscall 时，会抛出一个 SyscallException（定义在 Nachos/code/machine/machine.h 文件中）的异常，处理这句消息的程序如代码 16-7 所示。

代码　16-7

```
// Nachos/code/machine/mipssim.cc
void
Machine::OneInstruction(Instruction *instr)
{
        ...
        switch (instr->opCode) {
        ...
          case OP_SYSCALL:
          RaiseException(SyscallException, 0);
          return;
    ...
    }
}
```

mips 代码中 syscall 指令对应的机器码即为 OP_SYSCALL，因此，通过 OneInstruction 中的 switch 语句跳转后执行“RaiseException(SyscallException, 0);”语句。这个函数抛出一个异常 SyscallException，其处理过程见 Nachos/code/machine/machine.cc 中代码 16-8。

代码 16-8

```
// Nachos/code/machine/machine.cc
void
Machine::RaiseException(ExceptionType which, int badVAddr)
{
    ...
    kernel->interrupt->setStatus(SystemMode);
    ExceptionHandler(which);                    // interrupts are enabled at this point
    kernel->interrupt->setStatus(UserMode);
}
```

这部分代码中，通过语句“kernel->interrupt->setStatus(SystemMode);”进入到内核态，调用函数“ExceptionHandler(which);”处理异常。执行结束后，通过“kernel->interrupt->setStatus(UserMode);”由内核态切换回用户态。其中，“void Exception Handler(ExceptionType which);”是异常处理函数，它的定义在文件 Nachos/code/exception.cc 中。该部分的代码较多，我们来分步讲解，如代码 16-9 至代码 16-11 所示。

代码 16-9

```
// Nachos/code/exception.cc part1

void
ExceptionHandler(ExceptionType which)
{
     int type = kernel->machine->ReadRegister(2);
     ...
```

该语句读入第二个寄存器中的数值，将其赋值给变量 type，当前第二个寄存器存放的恰是 SC_Add。

代码 16-10

```
// Nachos/code/exception.cc part2
switch (which) {
     case SyscallException:
     switch(type) {
        ...
        case SC_Add:
        /* Process SysAdd Systemcall*/
        int result;
        result = SysAdd(/* int op1 */(int)kernel->machine->ReadRegister(4),
                        /* int op2 */(int)kernel->machine->ReadRegister(5));

        kernel->machine->WriteRegister(2, (int)result);
```

该代码块中有两层嵌套的 switch 语句。首先，通过外层的 switch(which) 跳转到 SyscallException 处理语句块中，接着通过内层的 switch(type) 跳转到 SC_Add 的处理语句块中。接下来，从第 4 个寄存器和第 5 个寄存器中取出操作数，使用内核函数 SysAdd 执行相加，最后将计算结果写入第 2 个寄存器中（此处的 SysAdd 函数将在稍后介绍）。

代码 16-11

```
// Nachos/code/userprog/exception.cc part3
       {
```

```
    /* set previous programm counter (debugging only)*/
    kernel->machine->WriteRegister(PrevPCReg, kernel->machine->ReadRegister(PCReg));
    /* set programm counter to next instruction (all Instructions are 4 byte wide)*/
      kernel->machine->WriteRegister(PCReg, kernel->machine->ReadRegister(PCReg) + 4);

          /* set next programm counter for brach execution */
    kernel->machine->WriteRegister(NextPCReg, kernel->machine->ReadRegister(PCReg)+4);
    }
    return;
    ...
  }
}
```

这部分代码的作用是将程序计数器（PC）指向下一条 mips 汇编指令。因此，接下来执行

```
j   $31
.end Add
```

表示跳转会调用 Add 函数代码的下一句代码，并结束该函数（这部分代码的处理过程也能够在 mipssim.cc 中找到，此处不再赘述）。此时，转回到之前的实例代码（即 Nachos/code/test/add.c）

```
result=Add(42,23);
```

编译器此时会将第二个寄存器的值返回，result 就得到了 Add 的结果。上面的讲解过程中，为了保证讲解连贯性，还没有讲解内核函数 SysAdd（位于 Nachos/code/exception.cc part2），这个函数位于源文件 NachOS/code/userprog/ksyscall.h 中，如代码 16-12 所示。

代码　16-12

```
// NachOS/code/userprog/ksyscall.h

int SysAdd(int op1, int op2)
{
  return op1 + op2;
}
```

至此 Add 系统调用的整个执行过程就结束了。而下一句代码 Halt 系统调用实现流程与 Add 是类似的。

16.2　系统调用流程及相关源文件分析

Nachos 系统调用的整理流程较为简单，它涉及的文件包括：

- ❑ **Add.cc**：用户程序文件。
- ❑ **syscall.h**：系统调用头文件。
- ❑ **start.s**：汇编文件，它描述了整个系统调用的流程。
- ❑ **mipssim.cc**： mips 指令解析器。
- ❑ **machine.cc**： 在系统调用中，它的作用是对用户态和内核态进行切换，并抛出异常。
- ❑ **execption.cc**： 调用内核函数处理异常。

根据之前对 Add 系统调用实现流程的分析，在此将其执行过程简化，如图 16-1 所示。

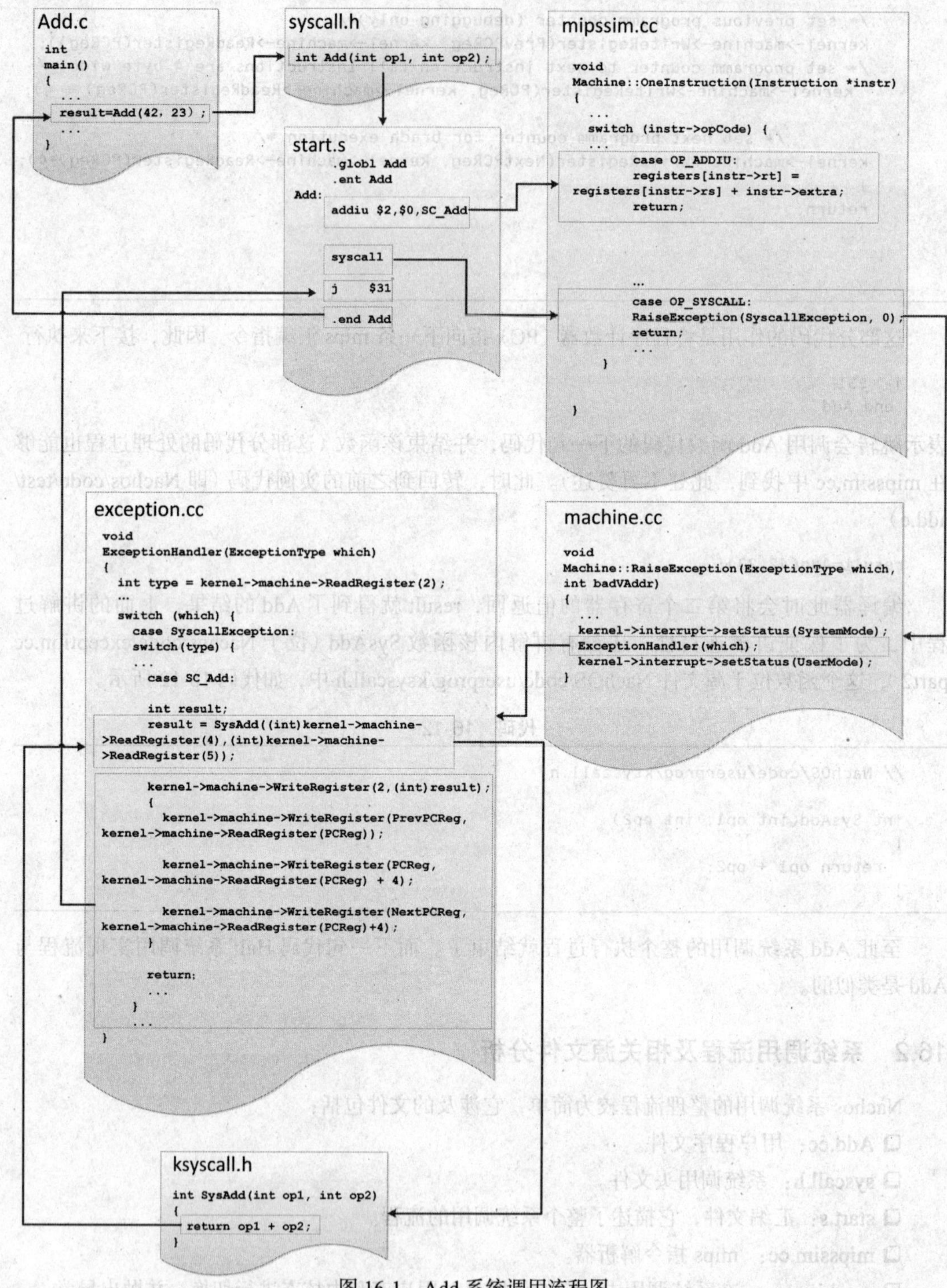

图 16-1　Add 系统调用流程图

综上所述，Nachos 系统调用流程实现的大致流程如下：

1）用户程序调用系统调用函数。

2）根据函数的系统调用函数的系统调用码来抛出一个系统调用异常（SyscallException）。

3）Nachos 虚拟机切换到内核态并调用相关的异常处理函数。

4）该异常处理函数执行系统调用函数所需要的执行工作，并将结果返回。

练习

请读者参考 Add 函数，添加一个减法的系统调用函数。

```
int Minus (int op1, int op2)
```

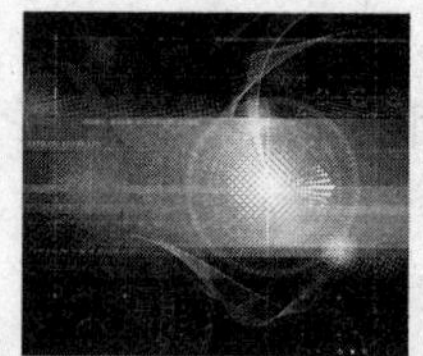

第 17 章 Nachos 系统的同步与互斥

同步与互斥是多线程的基础，Nachos 系统作为多线程的操作系统，也实现了自己的一套同步互斥机制。本章将着重讲解 Nachos 系统下同步互斥机制的实现方法，并以同步磁盘为例对该机制的实现进行分析。

17.1 同步与互斥机制

Nachos 系统下实现同步与互斥的主要机制包括：信号量（Semaphore）、锁（Lock）、条件变量（Condition）。

17.2 信号量

Nachos 系统中的信号量定义在 synch.h 文件中，如代码 17-1 所示。

代码 17-1

```
// NachOS/code/threads/synch.h

class Semaphore {
  public:
    Semaphore(char* debugName, int initialValue);  // 用初始值初始化信号量
    ~Semaphore();

    void P();                // 信号量的 P 操作
    void V();                // 信号量的 V 操作
...
  private:
    int value;               // 信号量值
List<Thread *> *queue;      // 线程等待队列
  ...
};
```

信号量类的两个重要操作就是 P 操作和 V 操作，同时维护着一个非负的信号量值 value 和一个线程的等待队列。

对于信号量，value 为 0 是一个阈值。当执行 P 操作时，首先检测 value 是否为 0，如果为 0，则将当前线程放入线程等待队列并设置为睡眠状态；如果大于 0，则将 value 的值减 1。P 函数实现的主要源码如代码 17-2 所示。

代码 17-2

```
// NachOS/code/threads/synch.cc                    void Semaphore::P() 核心代码
Thread *currentThread = kernel->currentThread;
while (value == 0) {
    queue->Append(currentThread);
```

```
    currentThread->Sleep(FALSE);
}
value--;
```

在上述代码中，通过 while 循环来检测 value 是否大于 0 的原因是，当该线程被唤醒时，value 值可能仍然为 0。

V 操作首先检测在线程等待队列中是否有等待的线程，有则取出一个设置为就绪态，接着将 value 值加 1，如代码 17-3 所示。

代码 17-3

```
// NachOS/code/threads/synch.cc                     void Semaphore::V() 核心代码

if (!queue->IsEmpty()) {
   kernel->scheduler->ReadyToRun(queue->RemoveFront());
}
value++;
```

17.3 锁

Nachos 中的锁是通过信号量来实现的，它定义在文件 synch.h 中，如代码 17-4 所示。

代码 17-4

```
// NachOS/code/threads/synch.h

class Lock {
  public:
    Lock(char* debugName);                                      // 初始化锁
    ~Lock();
...
    void Acquire();                                             // 获得锁
    void Release();                                             // 释放锁

    bool IsHeldByCurrentThread() {
           return lockHolder == kernel->currentThread; }        //是否当前线程持有锁
  private:
...
    Thread *lockHolder;                                         // 当前持有锁的线程
    Semaphore *semaphore;
};
```

锁与信号量不同的是：锁本身只有两个值，对应锁的两种状态。Nachos 系统中的锁实现是比较简单的，Lock 类中只有两个操作，分别是获得锁（Acquire）和释放锁（Release）。两个函数的实现如代码 17-5 所示。

代码 17-5

```
// NachOS/code/threads/synch.h             Lock 的 Acquire 和 Release 函数核心代码
void Lock::Acquire()
{
    semaphore->P();
```

```
        lockHolder = kernel->currentThread;
    }
    ...
    void Lock::Release()
    {
        ASSERT(IsHeldByCurrentThread());
        lockHolder = NULL;
        semaphore->V();
    }
```

之前介绍过，Nachos 的 Lock 是通过信号量来实现的。在构造函数中会初始化一个信号量值为 1 的信号量。而锁的获得和释放则是通过该信号量的 P、V 操作来实现的，P 操作将信号量值减 1，而 V 操作则将信号量值加 1。

17.4 条件变量

条件变量通过等待条件和释放条件达到对线程阻塞、运行的控制。Nachos 系统中的条件变量（Condition）通常会与一个锁配合使用。Condition 类的描述如代码 17-6 所示。

代码 17-6

```
// NachOS/code/threads/synch.h
class Condition {
  public:
    Condition(char* debugName);
    ~Condition();
    char* getName() { return (name); }

    void Wait(Lock *conditionLock);         // 等待条件
    void Signal(Lock *conditionLock);       // 唤醒一个等待条件变量的线程
    void Broadcast(Lock *conditionLock);    // 唤醒所有等待条件变量的线程

  private:
...
    List<Semaphore *> *waitQueue;           // 等待线程队列
};
```

Wait 函数的主要作用是使当前线程阻塞来等待条件变量变为可用后被唤醒。它的核心实现代码如代码 17-7 所示。

代码 17-7

```
// NachOS/code/threads/synch.h
void Condition::Wait(Lock* conditionLock)
{
    Semaphore *waiter;

    ASSERT(conditionLock->IsHeldByCurrentThread());

    waiter = new Semaphore("condition", 0);
    waitQueue->Append(waiter);
    conditionLock->Release();
    waiter->P();
    conditionLock->Acquire();
    delete waiter;
}
```

通常在调用 Wait 函数时，会有一对锁操作来对其进行保护，确保包含 Wait 函数的代码段被互斥访问。但是，为了使当前线程调用 Wait 函数阻塞后其他线程仍然能够访问该代码段，采取将锁作为参数传递给 Wait 的方法，使当前线程在阻塞的前一个操作中释放该锁。

在 Wait 函数中，首先为当前线程定义一个信号量，通过信号量将该线程加入到等待队列中，并释放该锁；接下来通过信号量的 P 操作使该线程进入睡眠状态；最后等待被唤醒后，重新获得该锁。

相对 Wait 函数而言，Signal 和 Broadcast 函数则是用于唤醒等待条件变量的线程。其实现比较简单，Signal 核心代码如代码 17-8 所示。

代码 17-8

```
// NachOS/code/threads/synch.h                                  Signal 核心代码

if (!waitQueue->IsEmpty()) {
     waiter = waitQueue->RemoveFront();
     waiter->V();
}
```

Signal 函数首先判断等待队列是否为空，接下来执行一个 V 操作将等待的线程唤醒，与 Wait 函数的 P 操作相对应。而 Broadcast 函数则通过循环使用 Signal 函数的方式将等待队列中的全部线程唤醒。

17.5 案例分析：同步磁盘的实现

在 Nachos 系统中，文件系统是建立在同步磁盘上的，同步磁盘使用同步互斥机制来协调所有线程对磁盘的访问操作。它的定义在 NachOS/code/filesys/synchdisk.h 中。本节将对同步磁盘的实现做简单的介绍。

同步磁盘的定义如代码 17-9 所示。

代码 17-9

```
// NachOS/code/filesys/synchdisk.h
class SynchDisk : public CallBackObj {
  public:
   SynchDisk();                                          // 初始化同步磁盘
   ~SynchDisk();

   void ReadSector(int sectorNumber, char* data);  // 从 sectorNumber 指向的
                                                   //磁盘中读取数据到缓冲区 data 中
   void WriteSector(int sectorNumber, char* data);
   void CallBack();                                // 当中断被触发时，唤醒一个对磁盘的读或
                                                      写操作

  private:
    Disk *disk;
    Semaphore *semaphore;
    Lock *lock;
};
```

同步磁盘的实现是建立在 Nachos 虚拟机提供的磁盘（Disk）上的，该类继承于 CallBack-Object，主要提供了 ReadSector 和 WriteSector 两个操作，分别完成读和写的功能。由于同一时

间最多只能有一个线程对磁盘进行操作，因此使用了锁。

ReadSector 和 WriteSector 的实现如代码 17-10 所示。

代码　17-10

```
// NachOS/code/filesys/synchdisk.cc
void
SynchDisk::ReadSector(int sectorNumber, char* data)
{
    lock->Acquire();
    disk->ReadRequest(sectorNumber, data);
    semaphore->P();
    lock->Release();
    }

void
SynchDisk::WriteSector(int sectorNumber, char* data)
{
    lock->Acquire();
    disk->WriteRequest(sectorNumber, data);
    semaphore->P();
    lock->Release();
}
```

读和写的操作非常类似，当线程发出一个磁盘读或写的请求时，首先对操作加锁，即保证同时只能有一个线程对磁盘操作。然后发出磁盘读或写请求，并通过“semaphore->P()”将自己阻塞。

该类中还有一个 CallBack 函数，覆盖了父类 CallBackObject 的同名虚函数。其中只有一个“semaphore->V()”的操作，CallBack 函数在磁盘访问结束后，被磁盘中断调用，将阻塞线程唤醒。接下来，该线程执行解锁操作，该函数返回。

思考　*semaphore 初始值应该设置为多少？原因是什么？*

第 18 章 Nachos 线程调度

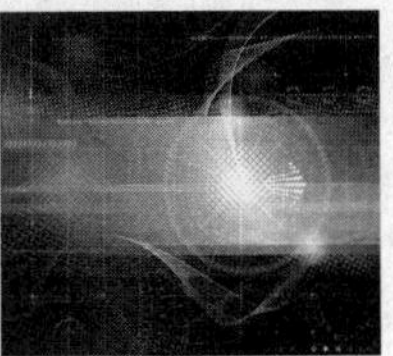

Nachos 是一个多线程系统，它包含了一套线程运行和调度的处理机制。由于 Nachos 系统是运行在虚拟机上的，因此 Nachos 线程又分为两种，一种是系统线程，它使用的是宿主机的资源，用以支撑整个 Nachos 系统的运行；另一种是 Nachos 系统自身的用户线程。本章将主要讲述 Nachos 线程模块，包括线程及其操作的基本实现、Nachos 下线程的调度等。

18.1 线程结构分析

之前已经介绍过，Nachos 共有两类线程，分别为系统线程和用户线程。用户线程是在系统线程的协助下进行创建的，完成分配虚拟机的内存空间、保存相关的运行现场等工作。

线程类为 Thread，它的源码文件为 NachOS/code/threads/thread.h，它的定义如代码 18-1 所示。

代码 18-1

```
// NachOS/code/threads/thread.h
class Thread {
  private:
    // NOTE: DO NOT CHANGE the order of these first two members
    // THEY MUST be in this position for SWITCH to work
    // 系统状态数据保存区
    int *stackTop;                           // 栈顶指针
    void *machineState[MachineStateSize];    // 保存宿主机上下文
  public:
    Thread(char* debugName);
  ~Thread();

    // 线程先关的基本操作如下:
    void Fork(VoidFunctionPtr func, void *arg); // 为线程指派工作函数

    void Yield();                     // 如果有其他的线程处于可执行状态，则放弃处理器
    void Sleep(bool finishing);       // 使线程处于睡眠状态，并让出处理器
    void Begin();                     // 启动一个线程
    void Finish();                    // 结束一个线程

    void CheckOverflow();             // 检测线程栈是否溢出
    void setStatus(ThreadStatus st) { status = st; }      // 设置线程状态
    char* getName() { return (name); }                     // 获取线程名字，调试时使用
    void Print() { cout << name; }                         // 打印线程名字，调试时使用
    void SelfTest();                                       // 测试多线程是否可用

  private:
    // some of the private data for this class is listed above

    int *stack;                                             //  栈底指针
```

```
                              // 如果是主线程，则使用宿主机提供的栈，因此对应的指针为 null
    ThreadStatus status;      // 线程状态
    char* name;               // 线程名

    void StackAllocate(VoidFunctionPtr func, void *arg);
        // 为线程申请好栈，并且初始化 machineState 来为线程的第一次调入做好准备

    int userRegisters[NumTotalRegs];        // 用户程序的上下文（虚拟机的寄存器）

  public:
    void SaveUserState();                   // 将用户程序上下文保存到 userRegisters
    void RestoreUserState();                // 将 userRegisters 恢复到虚拟机寄存器中

    AddrSpace *space;                       // 用户程序的地址空间
};
```

1. 线程类中的相关变量

在源码中，Thread 的大多数变量都通过注释进行了说明，接下来我们将仅对几个比较重要的变量进行详细介绍。

machineState 与 userRegisters

machineState 是一个比较特殊的结构，它用来存放宿主机的上下文。之前已经提到过，系统线程参与竞争使用宿主机资源（即 Ubuntu 系统资源），当一个线程被调入时，首先在这个结构中写入执行相关的信息，然后将其复制到宿主机相关寄存器中。

相对于 machineState 而言，userRegisters 则是存放虚拟机的寄存器，供用户线程使用。

stackTop 与 stack

Thread 类定义了两个关于栈的指针，分别指向栈顶和栈底。指向栈顶的指针 stackTop 用来控制栈的读和写操作，而 stack 则用来指向整个栈，完成删除栈之类的操作。

status

这个变量用来指示当前线程处于哪种状态。线程的状态共有三种：就绪、运行或者阻塞。

2. 线程中相关操作

Nachos 为线程定义了以下几种操作，接下来对其源码进行分析。

1）Fork 函数：为线程指派工作函数（func），并传递参数（arg）。

代码　18-2

```
// NachOS/code/threads/thread.cc
void
Thread::Fork(VoidFunctionPtr func, void *arg)
{
...
    StackAllocate(func, arg);                        // 初始化 func 函数栈以及系统的寄存器
    oldLevel = interrupt->SetLevel(IntOff);          //  保存中断状态并关中断
    scheduler->ReadyToRun(this);                     // 将线程设置为就绪态
    (void) interrupt->SetLevel(oldLevel);
}
```

Fork 函数主要完成以下几个功能：

首先，通过 StackAllocate 函数（后面将会介绍）为线程申请并初始化栈空间。

然后，通过 scheduler->ReadyToRun(this) 将本线程放入就绪队列中。

在这个函数的执行过程中，会通过 interrupt->SetLevel(IntOff) 关闭中断，并保存中断状态，在将线程设置为就绪之后，再将中断状态还原，防止 scheduler->ReadyToRun(this) 在执行过程中被中断。

2）**Begin 函数**：销毁前一个线程，并开启中断。

代码 18-3

```
// NachOS/code/threads/thread.cc
void
Thread::Begin ()
{
   ...
   kernel->scheduler->CheckToBeDestroyed();         // 检测是否存在需要销毁的进程
                                                    // 若有，则销毁
     kernel->interrupt->Enable();                   // 开中断
}
```

这个函数的主要工作即通过 CheckToBeDestroyed 检测是否有线程需要销毁的，如果有则自行执行销毁操作，然后将中断设置为开启。

3）**Finish 函数**：关闭中断，等待系统销毁。

代码 18-4

```
// NachOS/code/threads/thread.cc
void
Thread::Finish ()
{
  (void) kernel->interrupt->SetLevel(IntOff);       // 关闭中断
  ...
  Sleep(TRUE);                                      // 通过参数 TRUE 调用 sleep 将线程阻塞，
                                                    // 等待销毁

  // not reached
}
```

4）**Sleep 函数**：阻塞该线程，并接受一个用来表示线程是否结束的参数。

代码 18-5

```
// NachOS/code/threads/thread.cc
void
Thread::Sleep (bool finishing)
{
   ...
   status = BLOCKED;                                // 将线程状态设置为阻塞态
   while ((nextThread = kernel->scheduler->FindNextToRun()) == NULL)
   kernel->interrupt->Idle();                       // 无线程处于就绪态，系统空转
   kernel->scheduler->Run(nextThread, finishing); // 系统调度下一个就绪态线程
}
```

5）**Yield 函数**：主动放弃处理器。

代码　18-6

```
// NachOS/code/threads/thread.cc
void
Thread::Yield ()
{
    Thread *nextThread;
    IntStatus oldLevel = kernel->interrupt->SetLevel(IntOff);
            // 保存内核状态
    ...
    nextThread = kernel->scheduler->FindNextToRun();
    if (nextThread != NULL) {
    // 切换到第一个就绪线程，如果没有其他线程就绪，则继续执行本线程
        kernel->scheduler->ReadyToRun(this);
        kernel->scheduler->Run(nextThread, FALSE);
    }
   (void) kernel->interrupt->SetLevel(oldLevel);
}
```

该函数首先判断在就绪队列中是否有就绪函数等待，如果有，则将本线程设置为就绪态放入就绪队列中，并从就绪队列中取出第一个就绪线程。如果没有就绪线程则该函数直接返回，不做任何操作。

6）StackAllocate 函数：为线程申请栈空间并做好线程运行的准备。

代码　18-7

```
// NachOS/code/threads/thread.cc
void
Thread::StackAllocate (VoidFunctionPtr func, void *arg)
{
            //为 func 函数分配栈
    stack = (int *) AllocBoundedArray(StackSize * sizeof(int));
    ...
            // 配置栈
    stackTop = stack + StackSize - 4;
    *(--stackTop) = (int) ThreadRoot;
    *stack = STACK_FENCEPOST;

    ...
            // 为线程第一次执行初始化系统寄存器
    machineState[PCState] = (void*)ThreadRoot;
    machineState[StartupPCState] = (void*)ThreadBegin;
    machineState[InitialPCState] = (void*)func;
    machineState[InitialArgState] = (void*)arg;
    machineState[WhenDonePCState] = (void*)ThreadFinish;
}
```

ThreadRoot 函数在 NachOS/code/threads/swithc.s 中实现，使用的是 AT&T 格式的 x86 汇编语言，ThreadRoot 是每个线程的入口（Nachos 系统的 main 函数除外）。

18.2　线程调度类分析

Nachos 系统中的线程调度通过 Scheduler 类来实现。

代码 18-8

```
NachOS/code/threads/scheduler.h
class Scheduler {
  public:
    Scheduler();
    ~Scheduler();

    void ReadyToRun(Thread* thread);
                                     // 将线程状态设置为就绪态，并加入到就绪队列中等待调度
   Thread* FindNextToRun();
                                     // 取出就绪对列中的第一个线程，如果就绪队列为空则返回 null
    void Run(Thread* nextThread, bool finishing);
                                     // 执行 nextThread 指向的线程，finishing 指示调用 Run 函
                                        数的当前线程是否结束
    void CheckToBeDestroyed();       // 如果 Destroyed 指针指向线程内容，则将其删除
    void Print();                    // Debug

  private:
    List<Thread *> *readyList;       // 线程的就绪队列
    Thread *toBeDestroyed;           // 指向待销毁的线程
};
```

Scheduler 类维护了一个线程就绪队列 readyList；这个类中还有一个变量 toBeDestroyed，它指向即将销毁的线程。

Scheduler 中定义了一组对线程以及线程就绪队列的操作方法，如下所示：

1）void ReadyToRun (Thread *thread)

该函数的参数为线程的指针，该函数主要完成两个工作：①将参数 thread 指向的线程设置为就绪态；②将这个线程加入到就绪队列中，等待被调度。

2）Thread* FindNextToRun();

该函数从就绪队列中取出第一个就绪的线程并返回。

3）void CheckToBeDestroyed();

检查 CheckToBeDestroy 是否为空，若不为空则将其指向的线程删除。

4）void Run(Thread* nextThread, bool finishing);

第一个参数 nextThread 是将要执行的线程指针；第二个参数 finishing 用来指示调用 Run 函数的当前线程是否马上结束，以决定这线程是否将被销毁。Run 函数的源码如代码 18-9 所示。

代码 18-9

```
// NachOS/code/threads/scheduler.cc
void
Scheduler::Run (Thread *nextThread, bool finishing)
{
    Thread *oldThread = kernel->currentThread;      // 将当前线程设置为旧线程
    ASSERT(kernel->interrupt->getLevel() == IntOff);
    if (finishing) {
   //  如果旧线程线程已经结束，将线程销毁指针指向旧线程
        ASSERT(toBeDestroyed == NULL);
     toBeDestroyed = oldThread;       }
```

```
    if (oldThread->space != NULL) {          // 如果旧线程包含用户线程，保存用户线程状态
        oldThread->SaveUserState();
    oldThread->space->SaveState();
    }

    oldThread->CheckOverflow();              // 检查旧线程是否有堆栈溢出

    kernel->currentThread = nextThread;      // 当前线程指向新线程
    nextThread->setStatus(RUNNING);          // 设置新线程的状态为运行态

    DEBUG(dbgThread, "Switching from: " << oldThread->getName() << " to: " <<
        nextThread->getName());

SWITCH(oldThread, nextThread);               // 切换线程
    ASSERT(kernel->interrupt->getLevel() == IntOff);

    DEBUG(dbgThread, "Now in thread: " << oldThread->getName());

    CheckToBeDestroyed();                    // 检测销毁线程

    if (oldThread->space != NULL) {          // 恢复用户状态
        oldThread->RestoreUserState();
    oldThread->space->RestoreState();
    }
}
```

在这个函数中完成了新旧线程的切换，在这里，我们将最开始调用 Run 函数的线程称为旧线程，后来切换的线程（也就是 nextThread 指向的线程）称为新线程。从代码 18-9 中可以看出，如果参数 finishing 的值为 true，则会将 toBeDestroyed 指向旧线程，旧线程等待被销毁（在后文的 CheckToBeDestroyed 函数中销毁）。

该函数中新旧线程切换的一个转变点就是 SWITCH 函数，SWITCH 是由 AT&T 格式的 x86 汇编语言实现的。在该函数之前，宿主机的上下文是旧线程控制的寄存器以及堆栈信息；该函数执行之后，宿主机上下文将切换为新线程，并将 oldThread 指向原先的线程。需要注意的是，在此处必须通过 SWITCH 函数来转变 oldThread 指向的线程，不能直接通过赋值的方法来改变。读者可以考虑一下导致这个结果的原因是什么。

18.3　线程调度作业

在 Nachos 的线程调度算法中，使用的是先来先服务（FCFS）算法，它在 FindNextToRun 函数中实现，函数的源码如代码 18-10 所示。

代码　18-10

```
// NachOS/code/threads/scheduler.cc
Thread *
Scheduler::FindNextToRun ()
{
    ASSERT(kernel->interrupt->getLevel() == IntOff);

    if (readyList->IsEmpty()) {
    return NULL;
```

```
        } else {
        return readyList->RemoveFront();
        }
    }
```

18.4 测试结果

参考 15.4 节中的内容编译 Nachos，并使用命令“./Nachos -K”来单独运行线程模块，运行结果如图 18-1 所示。

```
tests summary: ok:0
*** thread 1 looped 0 times
*** thread 0 looped 0 times
*** thread 1 looped 1 times
*** thread 0 looped 1 times
*** thread 1 looped 2 times
*** thread 0 looped 2 times
*** thread 0 looped 3 times
*** thread 1 looped 3 times
*** thread 0 looped 4 times
*** thread 1 looped 4 times
Machine halting!

Ticks: total 2250, idle 0, system 2250, user 0
Disk I/O: reads 0, writes 0
Console I/O: reads 0, writes 0
Paging: faults 0
Network I/O: packets received 0, sent 0
```

图 18-1 运行结果

练习

修改调度算法，在作业调度以及线程定义相关文件中添加相应的函数和变量来实现高优先级优先调度算法以及高响应比有限响应算法，并重新编译，查看运行结果。

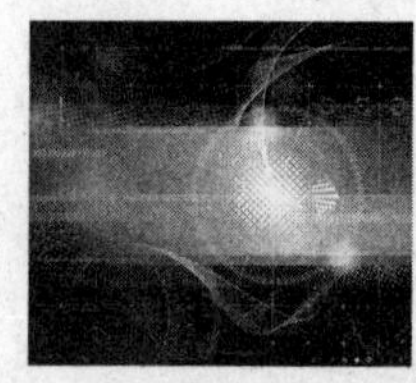

第 19 章 Nachos 文件系统

文件系统是操作系统中用于管理文件和对文件进行存取的子系统，它规定了文件在物理硬盘上的存储方式，是系统用户与物理硬盘之间的媒介。在文件系统的帮助下，用户以对文件操作的方式来对信息进行存取和处理，无需考虑具体硬盘空间分配等繁琐的工作。Nachos 的文件系统是工作在 Nachos 虚拟机模拟的同步磁盘上的，我们在同步与互斥分析中已经介绍过同步磁盘。本章将主要介绍 Nachos 文件系统的实现。

19.1 Nachos 文件系统相关源码说明

Nachos 文件系统相关源码文件放在 NachOS/code/filesys 文件夹下。首先对这些文件以及相关的类做简要介绍。

filesys.h、filesys.cc：定义了文件系统类 FileSystem，实现了文件系统中几个最基本的操作。

openfile.h、openfile.cc：定义了 OpenFile 类，相当于文件标识符，在 Nachos 系统中标识一个文件，用户对文件的操作实际上都需要通过 OpenFile 来进行。

pbitmap.h、pbitmap.cc：定义了 PersistentBitmap 类，该类继承了 Bitmap 类（该类的定义见 NachOS/code/lib/bitmap.h）。在 Nachos 文件系统中，文件系统是通过一个 PersistentBitmap 文件来存放磁盘块的占用情况。

filehdr.h、filehdr.cc：定义了文件头类 FileHeader，该类主要用来记录文件的基本信息，包括文件对磁盘块的使用情况。

directory.h、directory.cc：定义了两个类：DirectoryEntry 和 Directory。DirectoryEntry 是目录项，用来记录文件名以及该文件所处于的硬盘位置；Directory 类用来定义目录。

下面将侧重于讲解 Nachos 中文件系统的实现方法。

19.2 Nachos 文件系统类分析

在介绍 FileSystem 类之前，首先说明 Nachos 文件系统对虚拟磁盘的使用，如图 19-1 所示。

分块后的磁盘

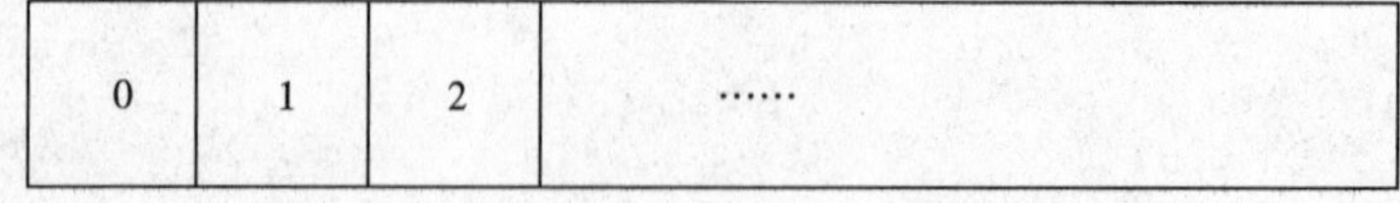

第0块：存放位图文件

第1块：存放根目录文件

图 19-1　虚拟磁盘使用说明

Nachos 使用的虚拟磁盘被分为单个大小为 128 字节的磁盘块（磁盘块的定义见文件 NachOS/code/machine/disk.cc），其中，第 0 块用来存放位视图；第 1 块用来存放根目录的目录文件。位视图（Bitmap）是一个特殊的文件，它用来记录磁盘中块的使用情况。

FileSystem 类是 Nachos 文件系统中最重要的类，它定义了文件系统的几个最基本的操作。FileSystem 定义于文件 NachOS/code/filesys/filesys.h 中，该文件中定义了两个 FileSystem 类，第一个 FileSystem 类（#ifdef FILESYS_STUB 之下的）使用宿主机的相关 API 进行实现，第二个 FileSystem 类则是在同步磁盘上实现的。本节主要针对第二个 FileSystem 类进行分析。FileSystem 的主要源码如代码 19-1 所示。

代码 19-1

```
// NachOS/code/filesys/filesys.h
class FileSystem {
  public:
     FileSystem(bool format);                    // 初始化文件系统
        //根据参数来判断在创建文件系统的时候是否需要对磁盘进行格式化
     bool Create(char *name, int initialSize);   // 创建一个文件
     OpenFile* Open(char *name);                 // 打开一个文件
     bool Remove(char *name);                    // 删除一个文件

...
  private:
     OpenFile* freeMapFile;                      // 保存磁盘块使用情况的文件
     OpenFile* directoryFile;                    // 保存根目录的文件
};
```

如上述代码所示，Nachos 文件系统包括文件系统的创建，文件的创建（Create）、打开（Open）和删除（Remove）三个方法。同时为位视图以及根目录定义了相应的文件（freeMapFile、directoryFile）。

1. 文件系统初始化

如代码 19-2 所示，如果初始化文件系统时无需格式化磁盘，则只需要打开相应的位视图和根目录的文件即可。

代码 19-2

```
// NachOS/code/filesys/filesys.cc
if (format) {
...
} else {
        freeMapFile = new OpenFile(FreeMapSector);
        directoryFile = new OpenFile(DirectorySector);
}
```

其中，FreeMapSector 和 DirectorySector 是通过宏定义的常量，值分别为 0 和 1，用来标识位视图文件和根目录文件在虚拟磁盘中的位置。

如果在文件系统初始化过程中需要格式化磁盘，则需要完成一系列位视图文件和目录文件的初始化工作，如代码 19-3 所示。

代码　19-3

```
// NachOS/code/filesys/filesys.cc
if (format) {
    // 步骤 1
    // 定义位视图、目录以及相应的文件头
    PersistentBitmap *freeMap = new PersistentBitmap(NumSectors);
    Directory *directory = new Directory(NumDirEntries);
    FileHeader *mapHdr = new FileHeader;
    FileHeader *dirHdr = new FileHeader;

    //将第 0 块和第 1 块标识为已使用
    freeMap->Mark(FreeMapSector);
    freeMap->Mark(DirectorySector);

    // 步骤 2
    // 为位视图和根目录文件计算并分配空间
    ASSERT(mapHdr->Allocate(freeMap, FreeMapFileSize));
    ASSERT(dirHdr->Allocate(freeMap, DirectoryFileSize));

    // 步骤 3
    // 将位视图和根目录文件的文件头写入相应的磁盘中
    mapHdr->WriteBack(FreeMapSector);
    dirHdr->WriteBack(DirectorySector);

    // 步骤 4
    // 根据已经写入磁盘中的文件头信息创建位视图文件以及根目录文件，
    // 并将这两个文件写入磁盘中
   freeMapFile = new OpenFile(FreeMapSector);
   directoryFile = new OpenFile(DirectorySector);

  freeMap->WriteBack(freeMapFile);
  directory->WriteBack(directoryFile);
} else {
...
}
```

主要步骤如下：

步骤 1：定义位视图文件和根目录文件及其文件头，并在定义的位视图对象中，将前两个磁盘块标记为已使用。执行这个操作的原因是位视图文件和根目录文件存放在这两个块中。

步骤 2：为位视图文件和根目录文件分配空间，这项操作是必须完成的，因为没有分配好位视图和根目录的文件系统是不能使用的，因此源码中使用了断言，分配失败（通常是因为磁盘容量不够）则直接退出，系统启动失败。

步骤 3：将位视图和根目录文件的文件头写入磁盘中。

步骤 4：根据文件头创建相应的位视图文件和根目录文件，并写入磁盘中。

2. 创建文件

创建文件是通过 Create 函数来实现的，源码如代码 19-4 所示。

代码　19-4

```
// NachOS/code/filesys/filesys.cc
bool FileSystem::Create(char *name, int initialSize)
```

```
{
    Directory *directory;
    PersistentBitmap *freeMap;
    FileHeader *hdr;
    int sector;
    bool success;

    directory = new Directory(NumDirEntries);
    directory->FetchFrom(directoryFile);                // 获取根目录

    if (directory->Find(name) != -1)                    // 判断以 name 命名的文件是否存在
      success = FALSE;
    else {
        freeMap = new PersistentBitmap(freeMapFile,NumSectors);
        sector = freeMap->FindAndSet();                 // 查找还有空间的块
        if (sector == -1)                               // 判断是否还有空间存放文件头
            success = FALSE;
        else if (!directory->Add(name, sector))         // 判断是否还有空间存放新目录项
            success = FALSE;
       else {
                hdr = new FileHeader;
                if (!hdr->Allocate(freeMap, initialSize))        // 判断是否还有空间
                                                                 // 存放文件数据
                success = FALSE;
                else {
                    success = TRUE;
                    hdr->WriteBack(sector);                      // 将文件头写入磁盘
                    directory->WriteBack(directoryFile);         // 更新根目录文件
                    freeMap->WriteBack(freeMapFile);             // 更新位视图文件
                }
            delete hdr;
            }
        delete freeMap;
    }
    delete directory;
    return success;
  }
```

创建文件的代码比较清晰，需要注意 Nachos 系统在创建文件时，大多数操作是在内存中完成的，在确定所有操作都可行以后，再将要创建的文件、更新后的位视图以及根目录项写入磁盘。

3. 打开和删除文件

打开文件是通过 Open 函数实现的，Open 函数的定义如下：

```
OpenFile * FileSystem::Open(char *name);
```

打开文件的过程如下：首先获得根目录的内容，然后在其中查找是否存在以 name 为文件名的文件，如果存在则打开，返回该文件的 OpenFile 指针。

删除文件是通过 Remove 函数实现的，Remove 函数的定义如下：

```
bool FileSystem::Remove(char *name);
```

删除文件的过程如下：首先获得根目录内容，查找以 name 为文件名的文件；然后获得磁

盘的位视图，对该文件在位视图中的内容进行设置：将该文件原先占用的磁盘块使用情况置为未使用，接着将目录文件中该文件的名字删去（注意：以上操作仍然在内存中实现）；最后，将新的位视图和文件目录写入磁盘中。

请读者参考源码来理解上述内容。

19.3 文件系统其他相关类

协作完成文件系统操作的类还有很多，在此，我们不一一讲述每种方法的实现，只对几个主要方法加以介绍，请读者参考相应源码，理解具体功能的实现方法。

1. 文件头类

Nachos 系统中使用文件头类（FileHeader）来存储文件的属性信息。如文件的长度，以及如何在磁盘上找到全部文件数据等。文件头最终会存储在磁盘上，而且，每个文件头的大小是一致的，它占用一个单独的磁盘块，如代码 19-5 所示。

代码 19-5

```
// NachOS/code/filesys/filehdr.h

class FileHeader {
  public:
  bool Allocate(PersistentBitmap *bitMap, int fileSize);
                                                        // 初始化文件头
                                                        // 并根据文件大小申请空间
    void Deallocate(PersistentBitmap *bitMap);          // 释放文件数据占用的空间

    void FetchFrom(int sectorNumber);                   // 从磁盘中取出文件头数据
    void WriteBack(int sectorNumber);                   // 将文件头写回到磁盘中
    int ByteToSector(int offset);                       // 将逻辑地址转换为磁盘的物理地址

    int FileLength();                                   // 获得文件的长度

  private:
    int numBytes;                                       // 文件的长度（用字节来计算）
    int numSectors;                                     // 文件占用的磁盘块数
    int dataSectors[NumDirect];                         // 文件存在硬盘块中的存放情况（放在哪些
                                                        磁盘块中）
};
```

2. 打开文件类

每打开一个文件，系统都会返回一个打开文件类的对象，该对象定义了一组对已打开文件的操作，如代码 19-6 所示。

代码 19-6

```
// NachOS/code/filesys/openfile.h
class OpenFile {
  public:
    OpenFile(int sector);                   // 打开一个文件头存放在 sector 位置的文件
    ~OpenFile();
    void Seek(int position);                // 将文件指针移到指定的位置
   int Read(char *into, int numBytes);      // 从文件中读取 numByte 的数据到缓冲
                                            // 区 into 中，返回实际读取的字节数，
                                            // 并将文件指针移动到这一次读完的位置
```

```
int Write(char *from, int numBytes);          // 从缓冲区 from 中写 numByte 的数据到文件中
   int ReadAt(char *into, int numBytes, int position);
                                              // 将从 position 中开始的 numByte 数据写入到缓冲
                                              // 区 into 中
   int WriteAt(char *from, int numBytes, int position);
                                              // 将从 from 中独到的 numBytes 的数据写入到
                                              // 从 position 开始的区域
   int Length();                              // 返回文件长度

  private:
   FileHeader *hdr;                           // 文件头
   int seekPosition;                          // 当前的文件指针
};
```

3. 目录类

Nachos文件系统中只有一个根目录，且根目录的长度固定为10（在filesys.cc文件中定义），在文件NachOS/code/filesys/directory.h中定义了两个类，分别是目录项和目录类。

目录项类表示目录中一个文件，它包含的信息包括：文件的名字以及文件头在磁盘上的位置。目录类定义了一个目录项的数组，用来指代该目录下的文件，并定义了一组相关方法。目录项及目录的定义如代码19-7所示。

代码 19-7

```
// NachOS/code/filesys/directory.h
//目录项
class DirectoryEntry {
  public:
    bool inUse;                               // 该目录项是否已经被使用
    int sector;                               // 该目录项指代文件的文件头所在的磁盘位置
    char name[FileNameMaxLen + 1];            // 该目录项指代的文件名
};

//目录
class Directory {
  public:
    Directory(int size);                      // 使用大小(size)来初始化目录，该目录下最多有
                                              // size 目录项
    ~Directory();
    void FetchFrom(OpenFile *file);           // 从目录文件中读入目录结构
    void WriteBack(OpenFile *file);           // 将目录写入到目录文件中
    int Find(char *name);                     // 查找名字为 name 的文件，返回其文件头所在的磁盘块
    bool Add(char *name, int newSector);      // 将名为 name 的文件加入到目录中
    bool Remove(char *name);                  // 删除名为 name 的文件
    void List();                              // 列出目录下的所有文件名
  private:
    int tableSize;                            // 目录项的个数
    DirectoryEntry *table;                    // 目录项数组

    int FindIndex(char *name);                // 找到名为 name 的目录项的索引
};
```

4. 位视图类

Nachos使用位视图的方法来标记磁盘块的使用情况。位视图类会记录磁盘上所有块是否

被使用。位视图类定义如代码 19-8 所示。

代码　19-8

```
// NachOS/code/filesys/ pbitmap.h
class PersistentBitmap : public Bitmap {
  public:
PersistentBitmap(OpenFile *file,int numItems);
                                          // 根据磁盘上存储的信息初始化位视图类
    PersistentBitmap(int numItems);       // 根据位视图类大小来初始化位视图类

~PersistentBitmap();

    void FetchFrom(OpenFile *file);       // 从磁盘上的相关位置读取位视图类
    void WriteBack(OpenFile *file);       // 将位视图类写入磁盘相关位置
};
```

PersistentBitmap 继承了 Bitmap 类，Bitmap 定义在文件 NachOS/code/lib/bitmap.h 中。

代码　19-9

```
// NachOS/code/filesys/ pbitmap.h

class Bitmap {
  public:
    Bitmap(int numItems);                 // 初始化位视图
    ~Bitmap();

    void Mark(int which);                 // 标志第 which 位被占用
    void Clear(int which);                // 清除 which 位的占用状态
    bool Test(int which) const;           // 测试第 which 位是否被占用
    int FindAndSet();                     // 找到当前位视图中第一个没有被使用的位并标记为占用
    int NumClear() const;                 // 返回没有被占用的位数


  protected:
    int numBits;                          // 位视图的大小（以位为单位）
    int numWords;
    unsigned int *map;                    // 临时存储磁盘上位的占用状态
};
```

附录A 实验报告模板

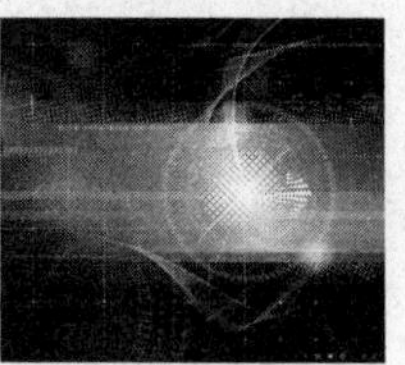

本附录将给出各个实验所需的实验报告模板，供读者参考。

A.1 Linux 编程基础实验报告

【第一部分】实验内容掌握程度测试

1. 写出下列运行指令的结果并分析作用

命　令	运行结果	分析（包括参数的作用）
ls		
ls–al		
cat 任意文件名		
more 任意文件名		
ls –al | grep a		
which cat		
cp 文件 目标文件		
who		
rm 文件		
mv –r 目录 目标目录		

2. 编译程序并执行

1）用 vim 编辑器编写实现求 $n!$（n 的阶乘，$1 \leqslant n \leqslant 12$）的 C 语言程序，并用 GDB 调试，打印结果保存地址。

❑ 程序源码：

2）GCC 编译命令：

3）运行结果：

4）GDB 调试：

❑ 使用 GDB 调试如上写好的程序：

❑ 设置断点情况：

❑ 运行命令分别查看 $n=5$、$n=10$ 和 $n=12$ 时的值：

【第二部分】小组任务（无）

【第三部分】知识掌握程度自我评价

知识点	掌握	了解	未掌握
掌握基本的 Linux 系统命令	□	□	□
学会写简单的 shell 脚本程序	□	□	□
掌握 GCC 工具的使用	□	□	□
掌握 GDB 工具的使用	□	□	□

A.2 作业调度实验报告

【第一部分】实验内容掌握程度测试

1. 基础知识

❑ 说明进程与程序的区别：

❑ 说明进程与作业的区别：

❑ 说明作业调度与进程调度的区别：

❑ 说明结构、类和联合的相同点和不同点：

2. 实验知识

简述作业有几种状态（及它们之间的转换条件）。

3. 实验内容

作业调度的过程理解：

1）该程序是如何实现先来先服务（FCFS）作业调度算法与短作业优先算法（SJF）的：

2）响应比高优先（HRRF）调度算法：（代码 + 运行结果）

关键代码：

运行结果：

3）时间片轮转调度算法：（代码 + 运行结果）

关键代码：

运行结果：

4. 实验分析

针对测试数据比较以上算法差异性。

5. 实验总结

总结实验完成情况、遇到的问题以及解决办法。

【第二部分】小组任务（无）

【第三部分】知识掌握程度自我评价

知识点	掌握	了解	未掌握
基本的C语言编写能力	□	□	□
了解作业调度基本原理、作业状态及状态间的转换条件	□	□	□
了解等待时间、周转时间、平均等待时间、平均周转时间	□	□	□
掌握基本结构数据类型的使用方法	□	□	□
理解操作系统中作业调度的概念和调度算法	□	□	□
理解在操作系统中是如何调度、协调和控制各个作业	□	□	□

A.3 系统调用及进程控制实验报告

【第一部分】实验内容掌握程度测试

1. 基础知识

❑ 什么是系统调用：

❑ 简述 fork 调用：

❑ 如何利用 pipe 进行进程间的通信：

❑ 一句话总结 BIOS 中断调用和系统调用之间的区别：

❑ 举一个“一个 API 的功能实现需要多个系统调用”的例子：

❑ 简述 make 命令对 makefile 文件内容的执行过程：

2. 写出下列函数的原型

fork：

signal：

pipe：______________________________

____

tcsetpgrp：______________________________

____

3. 运行和观察结果

1）在下面写出实验步骤“编写 makefile，用 make 编译源代码中 fork.c、pipe.c。”的 makefile 内容：

____

____

____

____

2）阅读 fork.c 代码，完成下列问题：

❑ 建议改为简述程序作用和运行过程：

____

____

❑ 程序中如何区分父进程和子进程：

____

____

3）阅读 pipe.c 代码，完成下列问题：

❑ 简述结果（不是执行结果）：

____

____

❑ execvp(prog2_argv[0],prog2_argv)（第 56 行）是否执行，如果没有执行是什么原因：

____

____

4）阅读 signal.c 代码，完成下列问题：

❑ 简述结果（包含执行结果截图）：

____

____

❑ 怎样让函数 ChildHandler 执行?

____

____

____

4. 实验总结

____

____

____

____

【第二部分】小组任务（选做）：通过系统调用实现一个简单的 shell

功能实现情况：

知　识　点	已　实　现	未　实　现
Cd <directory>	□	□
clr	□	□
environ	□	□
help	□	□
echo <comment>	□	□
pause	□	□
quit	□	□

个人完成工作介绍：

____

____

____

【第三部分】知识掌握程度自我评价

知　识　点	掌　握	了　解	未　掌　握
熟悉 Linux 系统下软件开发工具：GCC	□	□	□
理解 BIOS 中断调用、系统调用与 C 语言标准库函数的联系和区别	□	□	□
理解 Linux API 和系统调用的区别	□	□	□
掌握 makefile 以及 make 命令	□	□	□
掌握 Linux 的系统调用	□	□	□

A.4　同步与互斥实验报告

【第一部分】实验内容掌握程度测试

1. 基础知识

简述本实验用到哪几个 API 函数以及这些函数的作用。

____

____

____

2. 实验知识

请写出读者与写者的 PV 操作。

____

____

3. 实验内容

1）生产者 / 消费者问题（CP 问题）：

❑ 程序中有几个生产者？有几个消费者？

❑ 每一个生产者所读取的文件名称分别是什么？

❑ 消费者从缓冲区中读到的数据都是由同一个生产者生产的吗？

❑ 消费者的读取操作和生产者的写入操作有什么先后关系？

❑ 消费者所读取的 4 种数据中，每一种数据之间有什么先后关系？

❑ 消费者有可能会读到两个一样的数据吗？为什么？

❑ 消费者所读取的数据总量和生产者所生产的数据总量有什么关系？

2）读写锁问题（RW 问题）：

❑ ReadUnlock 函数中添加的内容：

❑ WriteUnlock 函数中添加的内容：

❑ 程序中有多少个读者？多少个写者？

❑ 读者可以同时读吗？在代码中如何体现？

❑ 写者可以同时写吗？在代码中如何体现？

❑ 读者和写者的优先顺序是怎么样的？代码中如何体现？

❑ 程序中有读者或者写者饿死的问题吗？为什么？

❑ 读者并发读的表现是什么？

❑ 写者写操作之后可以没有读者读就执行下一个写者的写操作吗？为什么？

4. 运行结果分析

5. 实验总结

实验完成情况、遇到的问题以及解决办法：

【第二部分】小组任务：实现哲学家就餐问题

小组任务完成部分及总结

【第三部分】知识掌握程度自我评价

知识点	掌握	了解	未掌握
理解原子操作、同步、互斥、信号量、临界区等基本概念	□	□	□
掌握进程同步与互斥原理	□	□	□
掌握经典同步算法模型：生产者与消费者模型、读写者模型、哲学家就餐模型等	□	□	□
掌握读懂伪代码并转化为可执行代码的能力	□	□	□

A.5 银行家算法实验报告

【第一部分】实验内容掌握程度测试

1. 基础知识

❑ 银行家算法的基本思想

2. 实验知识

❑ 请写出银行家算法的数据结构及解释含义（考虑资源优化）

3. 实验内容

1）根据程序绘制银行家算法程序流程图。

2）死锁产生条件代码分析。

3）void changedata(int i) 函数代码。

4）实验测试数据，测试完备性考虑及分析。

4. 实验总结

总结实验完成情况、遇到的问题以及解决办法。

【第二部分】小组任务（必做）：使用 win32 API 实现多线程模拟银行家算法应用程序完成情况

小组任务完成部分及总结。

【第三部分】知识掌握程度自我评价

知识点	掌握	了解	未掌握
理解死锁的概念，了解导致死锁的原因	□	□	□
掌握死锁的避免方法，理解安全状态和不安全状态	□	□	□
理解银行家算法，并应用银行家算法避免死锁	□	□	□
使用 win32 API 编写多进程程序实现银行家算法	□	□	□
熟悉 VC 编程环境，并掌握多数据跟踪调试技术	□	□	□

A.6　内存管理实验报告

【第一部分】实验内容掌握程度测试

1. 基础知识

❑ 虚拟存储器定义及其特征

___

❑ 请求分页虚拟存储管理中需要的硬件支持及管理策略问题

___

❑ 页面调度对系统性能的影响

___

2. 实验知识

❑ 根据内存分配机制填空并指明占用内存类型

```
int a = 0;______________
char *p1;______________
int main(void)
{
    int b;
    char s[] = "abc";______________
    char *p2;______________
    char *p3 = "123456";______________
    static int c =0;______________
    p1 = (char *)malloc(10);______________
    p2 = (char *)malloc(20);______________
    strcpy(p1, "123456");______________
}
```

❑ pagefile.sys 文件的位置在：___

❑ 此文件的作用：___

❑ 改变此文件大小的方法：___

❑ 虚拟地址空间中的页面分为：提交页面、___、___

❑ 页面的操作可以分为：___

❑ 由 C/C++ 编译的程序占用的内存分为哪五个部分：___

❑ 由 new 分配的内存和 VirtualAlloc 分配的内存有什么不同：___

___

❑ 栈和堆有哪些区别？

___

____

____

____

- ❑ 页面属性是在结构体________的字段________和字段________中体现出来的。

3. 实验内容

- ❑ 将 virtumem.cpp 加入工程，编译并执行。
- ❑ 是否能编译成功?
- ❑ 请描述运行结果：____

____

____

- ❑ 请通过运行结果描述六种虚拟操作后虚拟存储空间和系统存储资源的变化：

____

____

____

4. 编写程序得到当前系统存储空间的使用情况

- ❑ 附源程序：

- ❑ 程序结果显示：

- ❑ 物理内存数：______
- ❑ 可用物理内存数：______
- ❑ 页面文件总数：______
- ❑ 可用页面文件数：______
- ❑ 虚存空间总数：______
- ❑ 可用虚存空间数：______
- ❑ 物理存储使用负荷：______

5. 实验总结

- ❑ 实验完成情况、遇到的问题以及解决办法：

______

______

【第二部分】小组任务（必做）：实现 Linux 内存管理程序

要求如下：

从用户控件直接读取内核数据 即利用内核映射功能，将内核中一部分虚拟内存映射到用户空间，使得访问用户空间地址等同于访问被映射的内核空间地址，从而不再需要数据拷贝操作。

【第三部分】知识掌握程度自我评价

知 识 点	掌 握	了 解	未 掌 握
了解 Windows XP/7 及 Linux 的内存管理机制	❑	❑	❑
掌握页面虚拟存储技术	❑	❑	❑
了解内存分配原理及以页面为单位的虚拟内存分配方法	❑	❑	❑
学会使用 Windows XP/7 下内存管理的基本 API 函数	❑	❑	❑
了解进程中内存分配与虚内存分配的区别	❑	❑	❑
掌握程序中同数据在内存中的存放和销毁方式	❑	❑	❑
掌握 C/C++ 多线程编程技术	❑	❑	❑

A.7 磁盘调度实验报告

【第一部分】实验内容掌握程度测试

1. 基础知识

1）简述如何确定磁盘上的地址：

______

______

______

______

______

2）简述如何确定磁盘的访问时间。

2. 实验内容

1）最短寻道时间优先（SSTF）算法，请对该算法实现 SSTF 过程进行描述，提出评价以及改进方式：

```
for(i=0;i<numTrack;i++)
{
    min=65535;
    index=i+1;
    for(int t=i+1;t<numTrack+1;t++)
    {
        if(abs(arrayResult[i]-arrayResult[t])<min)
        {
            min=abs(arrayResult[i]-arrayResult[t]);
            index=t;
        }
    }
    int tem=arrayResult[i+1];
    arrayResult[i+1]=arrayResult[index];
    arrayResult[index]=tem;
    length+=abs(arrayResult[i+1]-arrayResult[i]);
}
```

2）扫描（SCAN）算法：（添加代码 + 运行结果，假设磁盘的起始和终止磁道号分别为 0 和 200）

3）循环扫描（CSCAN）算法：（添加代码 + 运行结果，假设磁盘的起始和终止磁道号分别为 0 和 200）

4）LOOK 算法：（添加代码 + 运行结果，假设磁盘的起始和终止磁道号分别为 0 和 200）

5）CLOOK 算法：（添加代码＋运行结果，假设磁盘的起始和终止磁道号分别为 0 和 200）

3. 实验总结

总结实验完成情况、遇到的问题以及解决办法。

【第二部分】小组任务（必做）：实现电梯调度系统

小组任务完成部分及总结

【第三部分】知识掌握程度自我评价

知识点	掌握	了解	未掌握
了解磁盘结构	□	□	□
了解磁盘上数据的组织方式	□	□	□
掌握磁盘访问时间的计算	□	□	□
掌握常用的磁盘调度算法以及算法的相关特性	□	□	□
掌握界面程序的设计和编写过程	□	□	□

A.8　文件系统实验报告

【第一部分】实验内容掌握程度测试

1. 基础知识

1）Linux 常用文件系统是________，Windows 的常用文件系统是________

2）查阅资料，了解高版本 Linux 或 UNIX 内核对文件的组织。假设有 12 个直接块指针，在每个索引节点中有一个一级、二级、三级间接指针。此外，假设系统块大小和磁盘扇区大

小都是 8K，如果磁盘块指针是 32 位，其中 8 位用于表示物理磁盘，24 位用于标识物理块，那么

- ❑ 该系统支持的最大文件大小是多少?
- ❑ 该系统支持的最大文件系统分区是多少?
- ❑ 假设主存中除了索引节点以外没有其他信息，访问位置 12、423、956 中的字节需要多少次磁盘访问?

2. 实验内容

1）模拟文件系统提供了哪些操作：

2）模拟文件系统对文件权限是如何处理的，在该文件系统中，文件的权限可能是哪几种?

3）列出实验代码中创建的十个用户的用户名：

4）删除 user1 的第三个作业程序运行过程：

5）在此模拟系统中模拟编写文件的程序运行过程

3. 实验总结

总结实验完成情况、遇到的问题以及解决办法。

【第二部分】小组任务

实现小型文件系统，要求实现打开、关闭、删除、读取、编写，显示文件目录和退出操作，可独立运行于任何 Linux 系统。

1）实验分析。

____

____

____

____

2）小组任务中个人完成部分及总结。

____

____

____

【第三部分】知识掌握程度自我评价

知 识 点	掌 握	了 解	未 掌 握
了解 Linux 文件组织和管理的知识	□	□	□
掌握 Linux 文件系统，根文件目录及组织方式	□	□	□
熟悉和理解文件系统的概念和文件系统的类型	□	□	□
了解文件系统的功能及实现	□	□	□
熟悉 vim 编辑器，GCC 编译器和 GDB 调试器及 makefile	□	□	□

参考文献

[1] 陈莉君，康华 . Linux 操作系统原理与应用 [M]. 2 版 . 北京：清华大学出版社出版，2012.

[2] W Richard Stevens，Stephen A Rago. UNIX 环境高级编程 [M]. 尤晋元，张亚英，戚正伟，译 . 2 版 . 北京：人民邮电出版社，2006.

[3] 邱铁，周玉，邓莹莹 . Linux 内核 API 完全参考手册 [M]. 北京：机械工业出版社，2011.

[4] 刘循，朱敏，文艺 . 计算机操作系统 [M]. 北京：人民邮电出版社，2009.

[5] 陈向群，杨芙清 . 操作系统教程 [M]. 北京：北京大学出版社，2006.

[6] A S Tanenbaum，陈向群，马洪兵 . 现代操作系统 [M]. 北京：机械工业出版社，2009.

[7] 汤小丹，梁红兵，哲凤屏，等 . 计算机操作系统 [M]. 西安：西安电子科技大学出版社，2007.

[8] 陈良银，游洪跃，李旭伟 . C 语言程序设计 [M]. 北京：清华大学出版社，2006.

[9] 麻志毅 . C 语言解析教程 [M]. 4 版 . 北京：机械工业出版社，2002.

[10] 唐宁九 . 数据结构与算法分析 [M]. 成都：四川大学出版社，2006.

[11] 维斯，冯舜玺 . 数据结构与算法分析：C 语言版 [M]. 北京：机械工业出版社，2004.

推荐阅读

现代操作系统（原书第4版）

书号：978-7-111-57369-2 作者：[荷] 安德鲁 S. 塔嫩鲍姆 赫伯特・博斯 定价：89.00元

本书是操作系统的经典教材。在这一版中，Tanenbaum教授力邀来自谷歌和微软的技术专家撰写关于Android和Windows 8的新章节，此外，还添加了云、虚拟化和安全等新技术的介绍。书中处处融会着作者对于设计与实现操作系统的各种技术的思考，他们的深刻洞察与清晰阐释使得本书脱颖而出且经久不衰。

第4版重要更新

- 新增一章讨论虚拟化和云，新增一节讲解Android操作系统，新增研究实例Windows 8。此外，安全方面还引入了攻击和防御技术的新知识。
- 习题更加丰富和灵活，这些题目不仅能考查读者对基本原理的理解，提高动手能力，更重要的是启发思考，在问题中挖掘操作系统的精髓。
- 每章的相关研究一节全部重写，参考文献收录了上一版推出后的233篇新论文，这些对于在该领域进行深入探索的读者而言非常有益。

作者简介

安德鲁 S. 塔嫩鲍姆（Andrew S. Tanenbaum） 阿姆斯特丹自由大学教授，荷兰皇家艺术与科学院教授。他撰写的计算机教材享誉全球，被翻译为20种语言在各国大学中使用。他开发的MINIX操作系统是一个开源项目，专注于高可靠性、灵活性及安全性。他曾赢得享有盛名的欧洲研究理事会卓越贡献奖，以及ACM和IEEE的诸多奖项。

赫伯特・博斯（Herbert Bos） 阿姆斯特丹自由大学教授。他是一名全方位的系统专家，尤其是在安全和UNIX方面。目前致力于系统与网络安全领域的研究，2011年因在恶意软件逆向工程方面的贡献而获得ERC奖。

推荐阅读

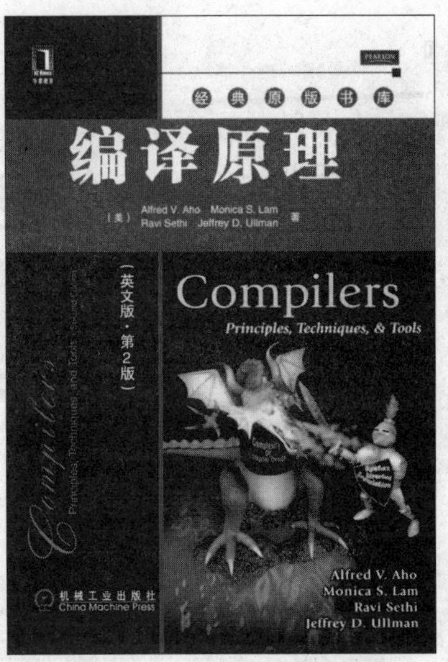

深入理解计算机系统（英文版·第3版）

作者：（美）兰德尔 E.布莱恩特 大卫 R. 奥哈拉伦 ISBN：978-7-111-56127-9 定价：239.00元

本书是一本将计算机软件和硬件理论结合讲述的经典教材，内容涵盖计算机导论、体系结构和处理器设计等多门课程。本书最大的特点是为程序员描述计算机系统的实现细节，通过描述程序是如何映射到系统上，以及程序是如何执行的，使读者更好地理解程序的行为，找到程序效率低下的原因。

编译原理（英文版·第2版）

作者：（美）Alfred V. Aho 等 ISBN：978-7-111-32674-8 定价：78.00元

本书是编译领域无可替代的经典著作，被广大计算机专业人士誉为"龙书"。本书上一版自1986年出版以来，被世界各地的著名高等院校和研究机构（包括美国哥伦比亚大学、斯坦福大学、哈佛大学、普林斯顿大学、贝尔实验室）作为本科生和研究生的编译原理课程的教材。该书对我国高等计算机教育领域也产生了重大影响。

第2版对每一章都进行了全面的修订，以反映自上一版出版二十多年来软件工程、程序设计语言和计算机体系结构方面的发展对编译技术的影响。

推荐阅读

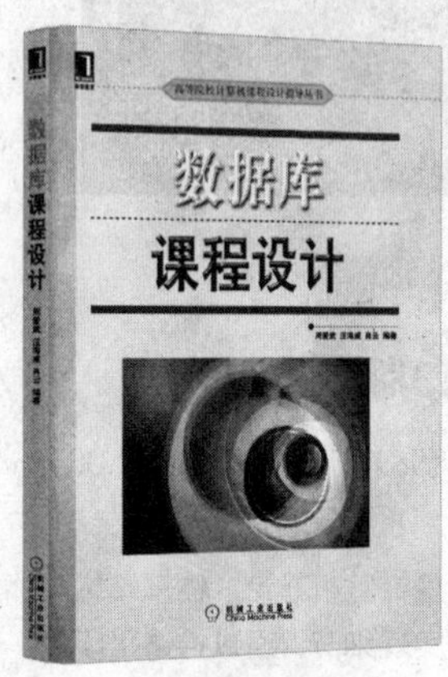

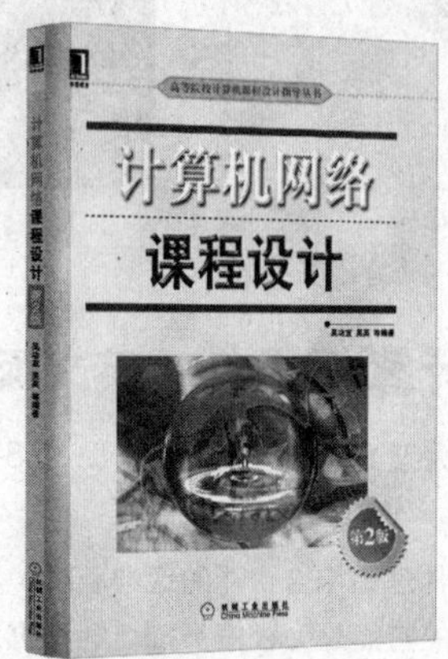

数据结构课程设计：C++语言描述

作者：刘燕君 等 ISBN：978-7-111-44726-9 定价：29.00元

Windows网络编程课程设计

作者：刘琰 等 ISBN：978-7-111-44433-6 定价：39.00元

C语言课程设计

作者：刘博 等 ISBN：978-7-111-41715-6 定价：23.00元

数据库课程设计

作者：周爱武 等 ISBN：978-7-111-37494-7 定价：35.00元

计算机网络课程设计 第2版

作者：吴功宜 等 ISBN：978-7-111-36713-0 定价：29.00元

软件工程课程设计

作者：李龙澍 等 ISBN：978-7-111-30003-8 定价：29.00元